一年一味

普洱茶贮存年份与生化成分及感官品质的关系

李家华　杨雪梅　柯　锋　刘莹亮　编著

YNKJ 云南科技出版社
·昆　明·

图书在版编目（CIP）数据

一年一味：普洱茶贮存年份与生化成分及感官品质的关系 / 李家华等编著. -- 昆明：云南科技出版社, 2021.11（2024.3重印）
ISBN 978-7-5587-3950-7

Ⅰ. ①一… Ⅱ. ①李… Ⅲ. ①普洱茶－研究 Ⅳ. ①TS272.5

中国版本图书馆CIP数据核字(2021)第234270号

一年一味：普洱茶贮存年份与生化成分及感官品质的关系

YI NIAN YI WEI：PU'ERCHA ZHUCUN NIANFEN YU SHENGHUA CHENGFEN JI GANGUAN PINZHI DE GUANXI

李家华　杨雪梅　柯　锋　刘莹亮　编著

出 版 人：温　翔
策　　划：李　非
责任编辑：李凌雁　杨志能　杨梦月
封面设计：长策文化
责任校对：张舒园
责任印制：蒋丽芬

书　　号：ISBN 978-7-5587-3950-7
印　　刷：云南金伦云印实业股份有限公司
开　　本：787mm × 1092mm　1/16
印　　张：11
字　　数：220千字
版　　次：2021年11月第1版
印　　次：2024年3月第3次印刷
定　　价：96.00元

出版发行：云南科技出版社
地　　址：昆明市环城西路609号
电　　话：0871-64190973

作者简介

李家华，博士，教授，硕士研究生导师，云南农业大学茶学院副院长，国家自然科学基金项目函评专家，中国茶叶学会国际交流委员会委员，云南省打造世界一流“绿色食品牌”茶产业专家组专家，云南省科技特派员，云南省茶叶流通协会专家委员会委员，普洱市普洱茶协会专家委员会委员。1994年7月从云南农业大学农学院茶学系毕业，获农学学士学位，2003年10月至2009年3月期间在日本鹿儿岛大学留学，2006年3月获日本鹿儿岛大学农学研究科农学硕士学位，2009年3月获日本鹿儿岛大学连和农学研究科农学博士学位，2009年4月学成回国后在云南农业大学茶学院任教。

主要从事茶叶生物化学与品质控制、茶树栽培学、茶叶加工等教学和研究工作，主持完成了国家自然科学研究基金项目2项，目前主持国家自然科学基金项目1项。在*Phytochemistry*、*Journal of Food Processing and Preservation*等SCI收录期刊，《食品科学》等EI收录期刊，CSCD收录的《天然产物研究与开发》《分子植物育种》《热带作物学报》等期刊发表研究论文50余篇；出版著作《紫娟茶花色苷的研究》，作为执行主编组织编著了新版《云茶大典》，参编了《云南普洱茶化学》《云南普洱茶文化学》和《保山市古茶树资源》等3部著作，获2008年云南省科技进步一等奖1项。

编委会

编　著　李家华　杨雪梅　柯　锋　刘莹亮

编　委（按姓氏笔画顺序排序）

牛　淼　卢凤美　刘　娜　刘春艳　刘福桥

李雄宇　杨洪焱　何雨淇　沈雪梅　张纪伟

罗美玲　段红星　侯　艳

序

普洱茶是以地理标志保护范围内的云南大叶种茶［*C. sinensis* var. *assamica*（Mast.）Kitamura］晒青毛茶为原料，按特定的加工工艺生产而成的、具有独特品质特征的茶叶。根据高温、高湿，以及微生物参与的后发酵过程的有无，普洱茶可分为普洱生茶和普洱熟茶两大类。与其他茶类相比，普洱茶具有耐贮存特点，即随着贮存年份的延长，可使其主要生化成分发生转化而使其品质得到提高，从而使普洱茶具备较高的收藏价值。

近年来，诸多学者针对不同贮存年份普洱茶的理化指标、香气成分、感官审评和抗氧化等方面开展了大量的研究，取得了可喜的成果，为宣传、促进普洱茶的流通和消费发挥了积极的作用，但仍有很多问题亟待阐明。例如：普洱茶具有“陈化生香”的品质特点，说明贮存年份是决定其品质好坏的一个重要指标，但是普洱茶作为一种食品或饮品是否真的可以无限期地贮存？有没有一个最佳品饮期？如有，是多少年？普洱茶的呈味特性肯定是来自其所含的化学成分。那么，这些化学成分在贮存期间是如何变化的？这些变化是否有规律可循？感官品质最好时是否与化学成分变化之间有一个最佳的结合点？普洱茶贮存期间的“转化”是以什么物质为基础的？这些“转化”的基础物质是否会永远存在而不会“转化”殆尽？对这些问题展开研究，可以为普洱茶从业者、普洱茶爱好者和消费者正确认识普洱茶的品饮价值—保健功效—合理贮存的关系提供科学依据。

云南农业大学茶学院李家华教授领衔的研究团队，积极开展普洱茶贮存与化学成分变化的研究。《一年一味：普洱茶贮存年份与生化成分及感官品质的关系》一书是以团队的阶段性研究成果为主要内容编撰而成，内容涵盖了普洱茶贮存与茶多酚、水浸出物、氨基酸、咖啡碱、儿茶素、黄酮类、茶色素、香气等普洱茶品质、化学成分变化和普洱茶体外抗氧化活性之间的关系，重点分析和介绍了普洱茶贮存年份与生化成分变化，以及贮存期间普洱茶生化成分变化和品质形成的关系。全书既注重介绍茶叶品质化学方面的基础知识，又突出普洱茶贮存与品质变化和生化成分之间的关系，是一部科学性与可读性较强的著作，可为普洱茶的科学贮存提供理论依据和有利于引导市场进行科学消费。

陈勋儒

云南省政府原副省长

省政协原副主席

云南省茶叶流通协会创会会长

前 言

记得是五年前的今天，我应云南臻字号茶叶有限公司邱明忠先生的邀请，到广州番禺区给臻字号的普洱茶经销商和臻字号茶叶爱好者（下称：臻友）分享茶叶生化成分与云南普洱茶品质特点的过程中，有几位臻友提出了困惑他们多年的两个问题，第一个问题是：都说普洱茶“越陈越香”，那么究竟要贮存多少年后普洱茶才会变得好喝，或者说品质变得最好？第二个问题是：难道作为一种食品或饮品的普洱茶真的没有一个最佳品饮期？这两个问题让我一时语塞，并且无言以对，我想不仅仅是几位臻友才有这样的疑问和困惑，有很多普洱茶爱好者和消费者都会怀有这样的疑问和困惑。因为，无论是在五年前还是现在，对普洱茶“越陈越香”的理解大多数谈的几乎是源于主观的抽象意志感受。除上述两个问题外，近两三年来，普洱茶市场上又出现了两个较为模糊的概念——“中期茶”和“转化”。上述问题和莫衷一是的概念给接受茶学教育和从事茶学研究多年的我也带来了困惑和迷茫，也坚定了我用科学研究，通过数据来解开普洱茶爱好者、消费者心中疑问和困惑的决心。

从2016年开始，我的研究团队从探明普洱茶贮存时间和普洱茶品质成分变化为切入点，积极开展研究。《一年一味：普洱茶贮存年份与生化成分及感官品质的关系》是基于团队五年多的阶段性研究成果编撰而成。本书从介绍基础的茶叶品质和生化成分入手，内容涵盖茶多酚、水浸出物、氨基酸、咖啡碱、儿茶素、黄酮类、茶色素、香气等普洱茶品质成分含量在贮存期间和发酵过程中的变化规律，重点分析和介绍了普洱茶贮存年份与生化成分的变化，以及贮存期间普洱茶生化成分变化和品质形成的关系，目的是利用科学的研究方法和真实的实验数据回答何为“越陈越香”“中期茶”和“转化”等困扰普洱茶爱好者、消费者的疑问。为普洱茶从业者、普洱茶爱好者和消费者正确认识普洱茶的品饮价值—保健功效—合理贮存的关系提供数据支撑，在保证仓储环境的条件下，对如何掌握普洱茶的最佳贮存期和品饮期提出了见解。

全书分为十二章，“前言”和“第一章 茶叶主要化学成分概述”由李家华编著，“第二章 不同贮存年份普洱茶五项常规成分含量的变化与品质评价”由杨雪梅、罗美玲和刘娜编著，“第三章 不同贮存年份普洱茶儿茶素和没食子酸含量的变化与品质评价”由杨雪梅、刘莹亮和刘福桥编著，“第四章 不同贮存年份普洱茶黄酮类化合物含量的变化与品质评价”由杨雪梅、罗美玲、刘春艳编著，“第五章 不同贮存年份普洱茶茶多糖含量的变化与品质评价”由李家华、沈雪梅编著，“第六章 不同贮存年份普洱熟茶色泽的变化与品质评价”由罗美玲、刘莹亮编著，“第七章 不同贮存年份普洱茶香气的变化与品质评价”由杨雪梅、罗美玲编著，“第八章 不同产地与贮存年份普洱生茶香气和呈味物质的变化”由张纪伟、柯锋编著，“第九章 不同产地不同贮存年份普洱熟茶香气的变化”由杨洪焱、牛淼、何雨洪、李雄宇、李家华编著，“第十章 不同贮存年份普洱茶的感官品质特点”由段红星、李家华、侯艳、柯锋编著，“第十一章 不同贮存年份普洱茶体外抗氧化活性”由李家华、杨雪梅、罗美玲编著，“第十二章 普洱熟茶发酵过程中生化成分的变化”由李家华和卢凤美编著。

为了让读者更加深入地了解一些与茶叶品质相关的概念，书中对与茶叶品质相关的概念做了注释。

全书在编写过程中得到了云南农业大学茶学院、云南科技出版社、云南德凤茶业有限公司、昆明木山茶业有限公司和云柯茶业有限公司的大力支持。在编写过程中还参考和引用了相关学者的部分研究成果。云南省政府原副省长、省政协原副主席、云南省茶叶流通协会创会会长陈勋儒先生为本书作序。在此一并深表感谢！

由于编者水平有限，书中有不妥之处在所难免，望读者批评、指正。

李家华

2021年6月

目 录

各章导读

第一章　茶叶主要化学成分概述

现有的研究资料表明，茶叶的化学成分已分离鉴定的就超过700多种。本章介绍了茶多酚、儿茶素、茶色素、氨基酸、咖啡碱、芳香物质等对茶叶感官品质和功能的评价有重要影响的主要化学成分。旨在加深读者对茶叶主要化学成分的认识，从化学成分的角度品鉴和评价茶叶内在品质，并能为解茶的保健功能提供理论依据。

第二章　不同贮存年份普洱茶五项常规成分含量的变化与品质评价

含水量、茶多酚、氨基酸、咖啡碱和水浸出物是茶叶的五项常规生化成分，在评价茶叶内质品质方面起着非常重要的作用。著者的研究团队测定了贮存时间在2006—2015年期间（即贮存年份为10年）的共10个年份的普洱生茶和普洱熟茶标准样的上述五项常规生化成分含量的变化趋势，并分析了含量变化对普洱茶的外形色泽和内质品质产生的影响。

第三章　不同贮存年份普洱茶儿茶素和没食子酸含量的变化与品质评价

儿茶素是构成茶汤苦涩、收敛性、回甘和生津的主要贡献物质。本章用大量的分析数据说明了普洱茶贮存年份与儿茶素各组分含量变化之间的关系，对普洱茶从业人员、普洱茶爱好者和消费者正确认识普洱茶“陈”的时间概念和香、醇、回甘的品质特点，以及从生化成分的角度判断普洱茶的贮存年份具有很强的指导意义。

第四章　不同贮存年份普洱茶黄酮类化合物含量的变化与品质评价

黄酮醇及其苷类物质多为亮黄色结晶，对绿茶和普洱生茶的汤色有较大影响。对茶叶滋味品质而言，黄酮苷类呈柔和感涩味（干燥的口感），且阈值极低，仅为表没食子儿茶素没食子酸酯（EGCG）的十九万分之一，是茶叶的主要涩味物质。随着贮存年份的延长，苦涩味较强的黄酮苷类会趋于降解，产生苷元和糖苷，苦味会消失。因此，在感官品质上必然会随着贮存年份的延长，普洱生茶的收敛性和粗涩感逐步减弱，而醇、厚、甘、滑的普洱生茶陈茶的特点会更加突显。

第五章　不同贮存年份普洱茶茶多糖含量的变化与品质评价

现有的研究结果认为，茶多糖与茶汤的甘甜、黏稠度和浓度息息相关。通过测定，贮存5～8年后茶多糖含量会达到最高值，结合五项常规成分，儿茶素和黄酮等物质的研究结果，我们认为普洱茶贮存年份在5～8年时应该是达到了最佳品饮期。

第六章　不同贮存年份普洱熟茶色泽的变化与品质评价

从普洱熟茶的整体色泽变化来看，贮存7年到10年时间后，色泽会达到最佳。

第七章　不同贮存年份普洱茶香气的变化与品质评价

应用电子鼻技术检测了普洱茶的香气物质，揭示了不同贮存年份普洱茶挥发性成分中所共有的特征性成分，为指导普洱茶生产、仓储、品质评价提供了理化指标。

第八章　不同产地与贮存年份普洱生茶香气和呈味物质的变化

老班章普洱茶滋味浓强，所以为“王”；冰岛茶醇柔回甘，所以为“后”。这句话用行话说就是普洱茶有很强的地域特点。也说明普洱茶在贮存期间化学成分的变化不仅取决于贮存时间，与产地环境也有着紧密的联系，本章以产自西双版纳、临沧和德宏三个茶区的不同贮存年份普洱生茶为研究材料，对挥发性香气特征物质和滋味物质茶多酚、儿茶素、咖啡碱和氨基酸含量进行测定，并采用主成分分析（PCA）和偏最小二乘-判别分析（PLS-DA）对年份和产地鉴别开展了研究。研究结果有助于如何从普洱生茶的呈味物质和挥发性香气物质的角度去解释普洱生茶的地域特色。同时，为普洱茶的科学贮存和地域特色的研究提供了参考与借鉴。

第九章　不同产地不同贮存年份普洱熟茶香气的变化

研究以产自西双版纳勐海、临沧双江、普洱澜沧和德宏芒市4个茶区的生产年份分别为2010年（贮存时间13年）、2015（贮存时间8年）年和2020年（贮存时间3年）的12份普洱熟茶为研究对象，采用顶空固相微萃取-气相色谱-质谱联用（Headspace solid phase microextraction-gas chromatography-mass spectrometry，HS-SPME-GC-MS）技术分析香气成分，并对研究对象进行感官评定，结合多元统计分析方法，从产地和贮存年份两个维度对普洱熟茶的香气成分进行综合分析，揭示了甲氧基苯类、醇类等对普洱熟茶香气贡献度较大的香气物质随时间和区域的变化规律。

第十章　不同贮存年份普洱茶的感官品质特点

茶叶感观审评是依照专业审评人员正常视觉、嗅觉、味觉和触觉审查评定茶叶色、香、味、形等构成茶叶品质的特征，以确定茶叶的等级和商品价值。本章对茶叶感观审评中所涉及到的审评用具、茶叶品质鉴评的步骤及因子、评分标准等做个简明扼要的介绍，在此基础上对不同贮存年份普洱茶的感官品质特点进行分析，目的是让读者对普洱茶的年份品质特点有个清晰的认识。

第十一章　不同贮存年份普洱茶体外抗氧化活性

刘仲华院士说："不是你容颜易老，而是茶喝得太少。"邵宛芳教授也说："不喝茶样子老，喝茶老样子。"强调的就是茶的首要功能抗氧化。本章以不同贮存年份的普洱茶为供试茶样开展体外抗氧化活性的研究，目的是明确贮存年份不同普洱茶成分变化与抗氧化活性之间的相关性，为正确处理饮用普洱茶的"口感与滋味"和"保健与健康"的关系提供数据支撑。

第十二章　普洱熟茶发酵过程中生化成分的变化

众所周知，普洱熟茶是在高温、高湿和微生物参与的环境下经"渥堆"处理后形成的后发酵茶，是我国黑茶的典型代表之一。微生物参与的后发酵过程使晒青毛茶中的多酚类成分发生了一系列复杂的诸如氧化、聚合、缩合、分解等为主的电化学变化，奠定了普洱熟茶的化学物质基础，赋予了普洱熟茶特殊的风味品质和保健功效。本章介绍了儿茶素类、黄酮类、水解单宁类、酚酸类在普洱茶发酵过程中的变化规律，为在发酵过程中如何通过合理控制发酵时间、堆温、发酵车间的湿度、微生物种群和数量等达到普洱茶多酚类化合物类的均衡降解与转化，保持成品茶中多酚类化合物类的适度含量，保持其生物活性等提供了实验数据。

第一章

茶叶主要化学成分概述

茶是世界三大饮品之一，是消费量仅次于水的饮品。近年来，在健康生活方式和理念的引领下，因茶其所具有的、其他饮品无可比拟的绿色、天然和健康的属性广受世界人民的喜爱。据统计，当前全球产茶国和地区已达60多个，饮茶人口超过20亿人。2019年12月，联合国大会宣布将每年的5月21日确定为“国际茶日”，以赞美茶叶的经济、社会和文化价值，从而促进全球农业的可持续发展。

茶，作为一种饮品之所以能流行于世，肯定有它的独特之处，茶所具有的保健和呈味特性的物质基础是其主要原因。迄今为止，茶叶中经分离、鉴定的已知化合物有700多种，其中包括合成生物体生存所必需的糖类、蛋白质、脂类等分子质量一般很大的初级代谢产物*1（大分子化合物）和生物体以初级代谢产物为原料，在酶的催化作用下形成的极具独特性的茶树次生（级）代谢*2产物茶多酚、儿茶素、黄酮类、茶氨酸、咖啡碱、色素、萜类、芳香物质等特征性次生（级）代谢产物，这些物质不仅赋予了茶叶特有的色、香、味的品质特性，而且与人体健康密切相关。

注释。

*1 在生物体内，化合物通过生物化学反应被合成或降解的过程称为代谢。其中，合成生物体生存所必需的糖类、蛋白质、脂类和核酸类的代谢称为初级代谢。

*2 生物体利用初级代谢产物为原料，在酶的催化作用下，形成一些小分子的化合物称次级代谢。

第一节 茶多酚及其呈味特性

茶多酚（Tea Polyphenols，简写为TP）是茶叶中多羟基酚类化合物的复合物，是决定茶叶色、香、味及功效的主要成分，占茶叶干重的18%～36%。茶多酚按主要化学成分分为儿茶素（黄烷醇类）、黄酮及黄酮醇类、花青素类、酚酸及缩酚酸、水解单宁类五大类物质。其中尤以儿茶素（黄烷醇类）含量最高，占茶多酚总量的60%~80%。纯净的茶多酚为白色无定形的结晶状物质，提取过程中由于少量茶多酚氧化聚合而呈现淡黄色至褐色，茶多酚对茶叶品质的主要贡献是：苦涩味，回甘；是茶汤色泽的主体物质。茶多酚的主要生理活性是：具有清除有害自由基的作用，从而实现抗氧化、抗癌、抗衰老等效果，相当于是人体的保鲜剂。因此，一般情况下，同龄人当中，喝茶的会比不喝茶的人看起来年轻一些。茶多酚还有降低低密度胆固醇、抑制血管硬化、抗菌杀菌等功效。茶多酚能阻断多种致癌物质在体内的合成，直接杀死癌细胞，提高机体的免疫能力；有利于预防、抑制心脑血管疾病；抗辐射。

一、儿茶素类化合物的感官品质特性

儿茶素（catechins）是茶类黄酮（flavonoids）的主体成分，属于黄烷醇类化合物，是2–苯基苯并吡喃的衍生物，其基本结构包括A、B和C三个基本核环，A和B环是苯环，C环是吡喃环，儿茶素占鲜叶干重的12%~24%，根据B环和C环上连接的基团的不同，儿茶素主要有4种，分别是表没食子儿茶素没食子酸酯（epigallocatechin–3–gallate，EGCG），表没食子儿茶素（epigallocatechin，EGC），表儿茶素没食子酸酯（epicatechin–3–gallate，ECG）和表儿茶素（epicatechin，EC）（图1–1），其中，EGCG和ECG是酯型儿茶素（也称复杂儿茶素），在儿茶素中为主要儿茶素，它们分别占茶叶儿茶素总量的50%～60%和15%～20%[*3]，EGC和EC是非酯型儿茶素（也称简单儿茶素），此外，还含有少量的没食子儿茶素（gallocatechin，GC），儿茶素（catechin，C），儿茶素没食子酸酯（catechin–3–gallate，CG）和（gallocatechin–3– gallate，GCG）。

儿茶素的感官品质特性：纯的儿茶素为白色固体，在红茶、

注释

*3 云南大叶种茶中儿茶素各组分的含量有异于中小种茶的含量，一般而言，如本文所述，茶叶中含量最多的是复杂儿茶素EGCG，其次才是ECG和简单儿茶素EGC、EC、C，但在云南大叶种茶中ECG的含量接近或者超过EGCG的含量，EC和C的含量也比中小叶种茶的含量高，这对说明云南是茶树的起源中心和云南茶树资源的原始性具有重要意义。

乌龙茶加工的发酵过程*4中会生产茶黄素等有色物质。儿茶素组分是茶汤苦味与涩味的主要贡献物质，有研究认为苦涩味的强度随儿茶素浓度增加而呈线性增强，且儿茶素的苦味强于涩味，苦味增强的速率大于涩味。同时，不同儿茶素种类所具有的不同的苦涩味阈值*5和含量的组合形成了茶汤不同的苦涩味强度，并影响茶汤整体风味，如：EGC 和 EC 在具有苦涩味的同时还具有回甘特性，茶汤中EGCG和ECG含量降低、EGC和EC含量的升高可导致茶汤回甘特性增强，儿茶素还具收敛性*6。儿茶素的主要生理功能有：清除自由基、抗氧化、延缓老化、预防蛀牙。

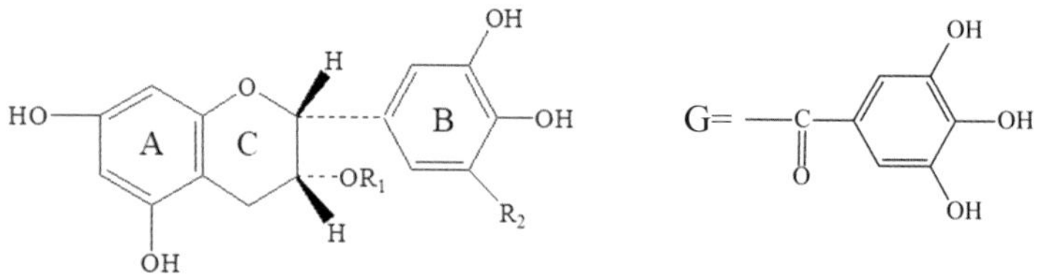

2-苯基苯并吡喃　　　没食子酰基

R_1	R_2			
H	H	(-)-epicatechin	EC	简单儿茶素/非酯型儿茶素
H	OH	(-)-epigallocatechin	EGC	简单儿茶素/非酯型儿茶素
G	H	(-)-epicatechin-3-gallate	ECG	复杂儿茶素酯型儿茶素
G	OH	(-)-epigallocatechin-3-gallate	EGCG	复杂儿茶素/酯型儿茶素

图1-1　茶叶中主要儿茶素的分子结构

二、黄酮醇及其苷类化合物的感官品质特性

黄酮醇及其苷类化合物（也称花黄素）是一类低分子量的水溶性多酚类化合物，广泛存在于植物体中，根据黄酮类中心C环的不同修饰，有黄酮、黄酮醇、黄烷醇、异黄酮、黄烷酮和花青素等几类，其中以黄酮醇类最多，目前，已鉴定得到1331种不同结构的黄酮醇类物质，约占黄酮类化合物的三分之一。茶叶是黄酮类含量最丰富的食品之一，在茶叶中的含量仅次于儿茶素（黄烷醇类）的含量，约占干重的3%~4%，茶叶中主要

注释。

*4 红茶、乌龙茶和白茶加工工艺中的发酵实则是茶多酚的氧化过程。

*5 刺激引起应激组织反应的最低值。

*6 儿茶素组分与唾液中富含的脯氨酸的一类蛋白质通过氢键或疏水作用结合，刺激口腔中的机械感受器，经三叉神经传导在大脑皮层形成起皱粗糙的复合感觉。

的黄酮醇类物质有杨梅素、槲皮素和山奈酚。黄酮醇及其苷类是影响茶叶感官品质的主要成分，是绿茶和普洱生茶汤色所表现出来的黄绿明亮的主体成分；滋味呈柔和感涩味（干燥的口感），且阈值极低。对茶汤中咖啡碱的苦味也有增强作用。黄酮醇苷的水溶性比黄酮醇苷元（图1–2）好，苦涩味比苷元（黄酮醇类物质）强，黄酮醇苷在热和酶的作用下发生水解，脱去苷类配基生成黄酮醇及黄酮，能减轻苷类物质的苦味。黄酮醇及其苷类的主要生理功能是增强血液的抗氧化活性，保护肝

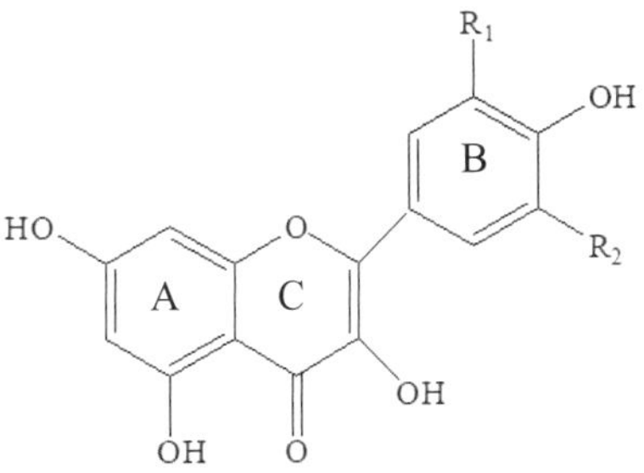

黄酮醇苷元

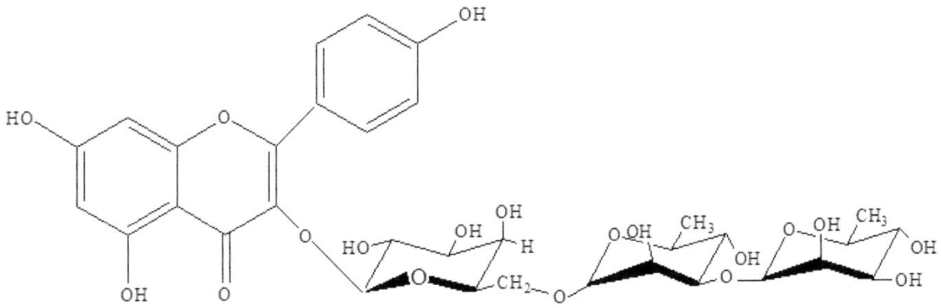

黄酮醇苷

黄酮醇苷元：

R_1	R_2		
OH	H	Quercetin	槲皮素
H	H	Kaempferol	山奈酚
OH	OH	Myricetin	杨梅素

黄酮醇苷：

山奈酚-3-O-[α-L-鼠李糖-（1→3）-α-L-鼠李糖-（1→6）]-β-D-半乳糖苷

图1–2　黄酮醇苷元及黄酮醇苷的分子结构示意图

脏，抑制癌细胞增殖，清除自由基。最新研究结果表明茶叶中的槲皮素和达沙替尼（Dasatinib Tablets）配合使用可以延长实验老鼠寿命近四成，说明槲皮素有延长寿命的功效。

三、酚酸及缩酚酸的感官品质特性

酚酸是一类分子中具有羧基（-COOH）和羟基（-OH）的芳香族化合物。缩酚酸是酚酸上的羧基与另一分子酚酸上的羟基相互作用缩合而成的化合物。它们多为没食子酸、咖啡酸、鸡纳酸的缩合衍生物，总量大约占茶鲜叶干重的5%，其中茶没食子素（图1-3）和没食子酸是一类重要的酚酸类衍生物，在茶叶中的含量分别为1%～2%（干重）和0.5%～1.4%（干重）。

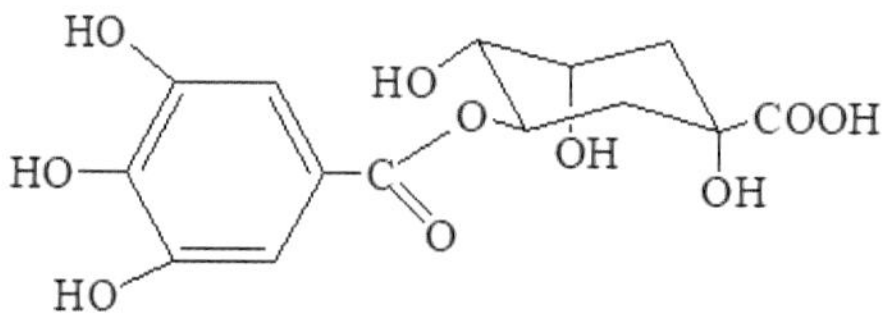

图1-3 茶没食子素的分子结构

酚酸类物质是茶树生理代谢的次生物质，也是合成酯型儿茶素必不可少的物质（图1-4）。在制茶过程中，酯型儿茶素水解产生的酚酸类（图1-4）参与茶汤滋味的形成。在红茶制造中，酯型儿茶素降解产生酚酸类，使细胞pH（酸碱度）降低，与茶多酚氧化酶（PPO）和过氧化氢酶（POD）要求的最佳pH

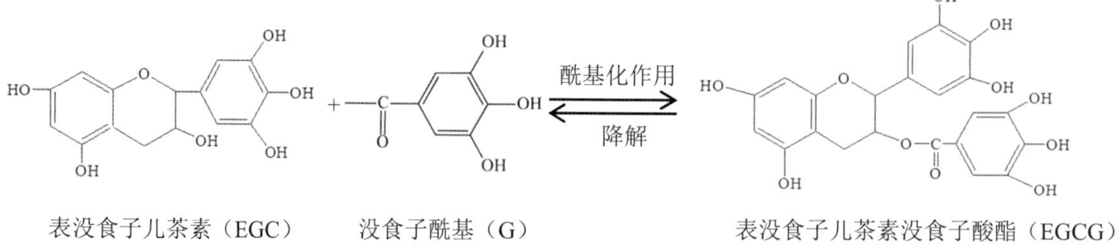

表没食子儿茶素（EGC） 没食子酰基（G） 酰基化作用 降解 表没食子儿茶素没食子酸酯（EGCG）

图1-4 酯型儿茶素的合成/酰基化（从左向右）及降解途径（从右向左）

相适应[*7]，有利于红茶发酵的进行。酚酸类物质还有抗氧化、抗肿瘤、杀锥虫、保护肝脏、抗乙肝病毒等诸多功效。普洱熟茶中没食子酸含量比其他一些植物中药材还要高。

四、与茶多酚类物质有关的茶叶感官评价术语

酚氨比（TP/AA）：顾名思义，酚氨比就是鲜叶中茶多酚含量与氨基酸含量的比值，在传统概念中是确定或者判断茶树品种适制性[*8]的重要指标。现在酚氨比的应用已延展到茶叶滋味品质评价的领域。

儿茶素苦涩味指数y的经验公式：y=[EGCG+EGC+ECG+GC]/[C+EC]

主要是用来判断酯型儿茶素（复杂儿茶素）和非酯型儿茶素（简单儿茶素）含量和比值变化对茶汤苦涩味的影响。认为酯型儿茶素含量增加、非酯型儿茶素含量降低是导致茶汤苦涩味的重要原因。

儿茶素单体的阈值：是指人们对儿茶素单体的刺激敏感性的度量，儿茶素单体的浓度只有达到一定强度才能引起人的味觉感知。这种刚刚能引起感觉的最小刺激量，叫儿茶素单体绝对感觉阈值。绿茶中的8种儿茶素组分含量及涩味阈值如表1-1所示。本书中也会大量应用上述感官评价术语论述贮存/陈化时间对普洱茶感官品质的影响。

表1-1　绿茶中8种儿茶素组分含量及阈值（$\mu mol \cdot L^{-1}$）

儿茶素组分	含量	涩味阈值
EGCG	638~3717	190.00
ECG	180~ 964	260.00
EGC	94~1358	520.00
EC	50~717	930.00
GCG	57~405	390.00

注释

*7　茶多酚氧化酶/PPO和过氧化氢酶/POD的最适pH分别是4.5～5.6和4.1～5.0。在红茶的萎凋过程中，鲜叶因失水使叶细胞汁相对浓度提高，叶细胞内各种酶系的代谢方向趋于水解作用。一部分水解酶如淀粉酶、蔗糖转化酶、原果胶酶、蛋白酶等活性都有提高。利用水解酶类的催化反应，能够有效降低成茶苦涩味（酯型儿茶素降解）、转变干茶叶底色泽（叶绿素适当水解后由深绿转为嫩绿）、提高萎凋叶中氨基酸和可溶性糖等成分及其转化产物的含量，对增进红茶茶汤的滋味和香气有利。

*8　普遍认为酚氨比高的茶树品种适于加工红茶，反之适于加工绿茶。一般酚氨比小于8的适制绿茶，在8～15之间的兼制红绿茶，大于15的适制红茶。

续表1–1

儿茶素组分	含量	涩味阈值
CG	2~ 34	540.00
GC	1~14	250.00
C	9~194	410.00

影响儿茶素呈味因素：EGCG和EGC、EC两两混合后，溶液的苦涩味增强，且EGCG可减弱EGC和EC的回甘；茶氨酸使EGC的苦涩味减弱的同时对回甘有少许增强作用，使EC的苦味减弱的同时对涩味和回甘具有增强作用。钙离子（Ca^{2+}）可增强EGCG的涩味，削弱其苦味。

第二节 生物碱及其呈味特性

茶叶中的生物碱主要是嘌呤类的生物碱，含量约占茶叶干物质的3%~5%，包括咖啡碱、可可碱和茶碱（图1–5），其中以咖啡碱的含量最多，茶叶生物化学研究始于咖啡碱（1827年），咖啡碱的含量约占茶叶干物质总量的2%~4%，其次是可可碱，约占总量的0.05%，再其次是茶碱，约占0.002%。茶树体内除种子外，其他各部位均含有咖啡碱，以叶部最多，茎梗较少，在新梢中随着新梢成熟度的增加呈下降趋势，所以咖啡碱含量的多少可以作为判断新梢老嫩度的依据。咖啡碱的含量随季节也有明显变化，一般夏茶比春茶含量高。目前研究发现我国特有的一种野生茶树种质资源——苦茶（也称为“苦茶变种”，*Camellia sinensis* L. var. *macrophylla* or var. *kulusio*），如分布在云南勐海县老曼峨的苦茶资源中就含有特殊的嘌呤生物碱类物质——苦茶碱（1,3,7,9-四甲基尿酸，theacrine），干茶中含量达1.29%，是苦茶的主要嘌呤生物碱，其他生物碱含量分别为咖啡碱1.93%，可可碱0.585%，茶碱0.0128%。

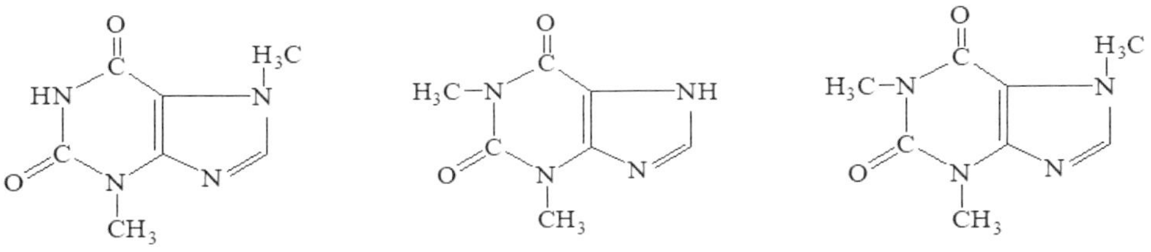

可可碱　　茶叶碱　　咖啡碱

图1-5　茶叶中主要生物碱类化合物的分子结构式

咖啡碱具有苦味，易溶于水，泡茶时80%以上的咖啡碱可溶于水，是形成茶叶滋味的重要物质，咖啡碱与儿茶素的互作效应显示，咖啡碱对表没食子儿茶素（EGC）和表儿茶素（EC）的苦味和回甘特性有明显的增强作用，但对涩味的影响不明显。咖啡碱与儿茶素缔合形成的络合物可使其呈味特性发生改变，在红茶茶汤中，咖啡碱与茶黄素缔合后形成的复合物具有鲜爽味，能提高茶汤的鲜爽度（图1-6）。因此，茶叶咖啡碱的含量是影响茶叶品质的重要因素之一。在制茶过程中，由于咖啡碱在120℃时开始升华[*9]，咖啡碱会略有减少，如果烘焙温度超过120℃时，损失量可能要多一些。在绿茶加工的高温杀青过程中，晒青茶蒸压成型工艺都可能会造成部分咖啡碱的损失。咖啡碱对人体有多种药理功效，如提神、利尿、促进血液循环、助消化、促进体内脂肪燃烧，其转化为能量，产生热量以提高体温，促进出汗等。

注释

*9　从固态不经过液态就变为气态的过程。

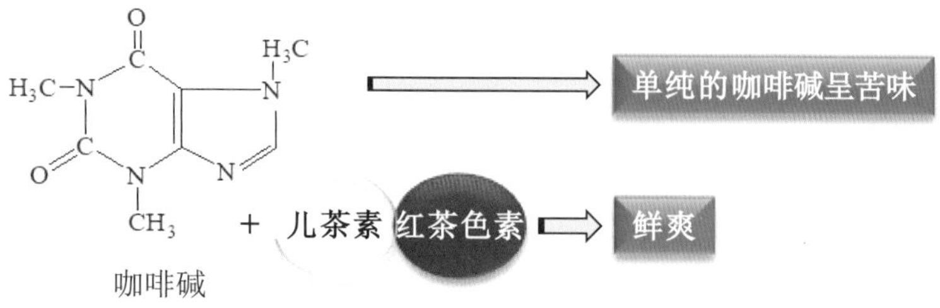

单纯的咖啡碱呈苦味

咖啡碱 + 儿茶素 红茶色素 鲜爽

图1-6 咖啡碱的呈味特性

第三节 蛋白质与氨基酸及其呈味特性

一、蛋白质

茶叶中的蛋白质含量丰富，约占茶叶干重的20%~30%，主要由谷蛋白、白蛋白、球蛋白和精蛋白所组成，其中以谷蛋白所占比例最大，约为蛋白总量的80%，其他几种蛋白含量较少。茶叶中蛋白质的水溶性较差，仅有占1%~2%的蛋白质可溶于水，主要是白蛋白，溶于水的白蛋白不仅有助于茶汤清亮和茶汤胶体溶液的稳定，也可增进茶汤滋味和营养价值。茶鲜叶中的蛋白质在加工过程中会水解生成各种氨基酸（图1-7），对茶叶滋味、香气和营养价值有不同的影响。蛋白质在茶树新梢中的含量有一定差异，在芽叶中含量最高，随着茶树新梢成熟度的提高，蛋白质含量呈逐渐下降趋势。因此，蛋白质含量和咖啡碱含量一样，在一定程度上可作为茶叶新梢老嫩度的指标。

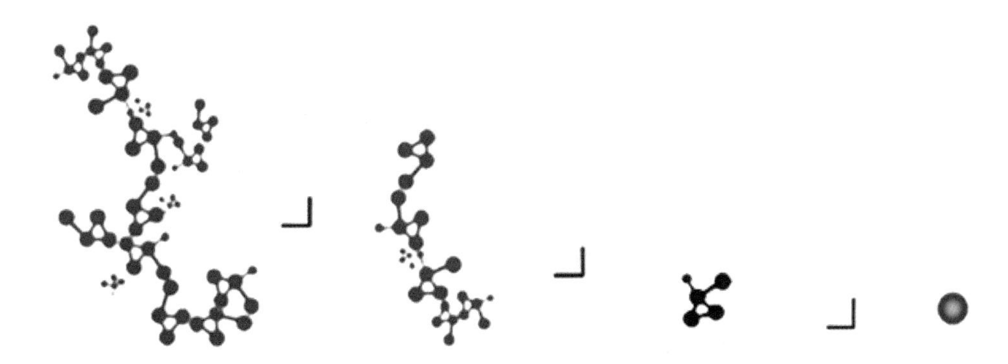

图1-7　蛋白质水解/降解生成氨基酸的示意图
（图片引自网络）

二、氨基酸

茶叶中目前发现并已鉴定的氨基酸有26种，其中有20种氨基酸是组成蛋白质的氨基酸，有6种是不存在于蛋白质分子中而以游离状态和结合状态存在于生物体各种组织和细胞中的氨基酸，称为非蛋白质氨基酸，分别是茶氨酸[*10]、γ-氨基丁酸（俗称的GABA）[*11]、豆叶氨酸、谷氨酰甲胺、天冬酰乙胺和β-丙氨酸。茶叶中的氨基酸属于茶树次生代谢物质。氨基酸大多具有鲜味，有的氨基酸还带有香气，如苯丙氨酸有类似玫瑰花香，丙氨酸、谷氨酸类似的花香，茶氨酸有类似焦糖香等。还有氨基酸与儿茶素的初级氧化产物邻醌经脱羧脱水等历程也能形成挥发性的香气成分，这是一个偶联氧化过程（图1-8）。如缬氨酸转化为异丁醛，亮氨酸转化为异戊醛，丙氨酸转化为乙醛等。在制茶过程中，部分蛋白质在酶的作用下水解为氨基酸（参见图1-7），有利于提高茶叶品质。

注释

*10　茶氨酸有镇静、改善记忆力和学习能力的功效。

*11　γ-氨基丁酸有抗焦虑、镇静和降血压的作用。

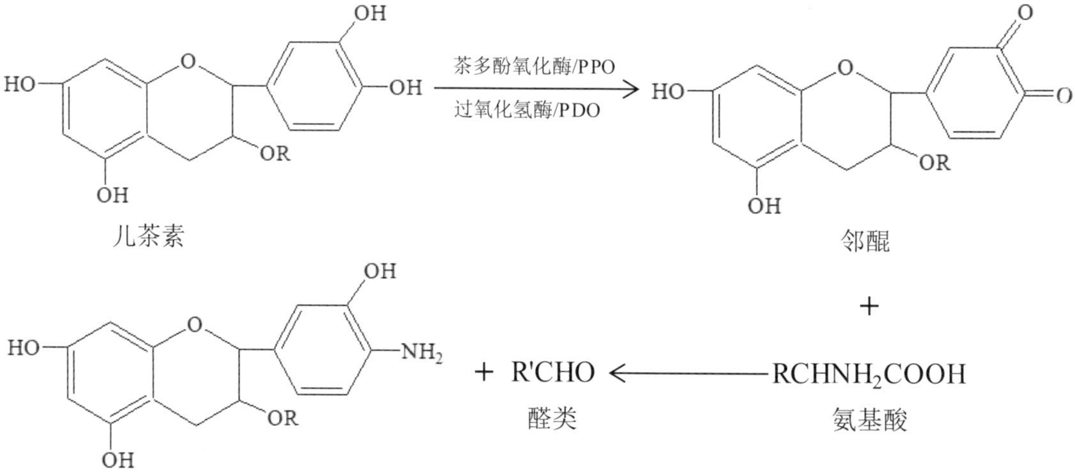

图1-8 氨基酸与儿茶素的初级氧化产物邻醌偶联氧化形成挥发性醛类的过程

茶叶中氨基酸的含量占茶叶干重的1%~4%，但是，有些特异的茶树品种中氨基酸的含量更高，如安吉白茶中游离氨基酸的含量超过干重的6%，其中含量最高的是茶氨酸。茶氨酸是1950年日本学者在日本玉露绿茶中发现的一种非蛋白质氨基酸。在自然界分布很窄，目前除茶叶外，仅在茶梅、山茶、油茶、蕈等3种天然植物和1种菌类（图1–9）中鉴定出微量茶氨酸。茶氨酸在茶树的根部合成[*12]，主要分布在芽叶、嫩茎及幼根中，含量约占茶叶氨基酸总量的70%。茶氨酸极易溶于水，水溶液具有焦糖的香味和类似味精的鲜爽滋味，味觉阈值还比味精的低，仅为0.06%，味精的阈值是0.16%。茶氨酸可以抑制茶汤的苦涩味。另外，现有研究表明，茶氨酸可明显减弱表没食子儿茶素（EGC）的苦涩味，同时对其回甘有少许增强作用。再者，在减弱表儿茶素（EC）的苦味的同时对其涩味和回甘具有增强的作用。低档绿茶添加茶氨酸可以提高其滋味品质。对于绿茶来说，氨基酸主要影响滋味，其次是香气，对于红茶，氨基酸则主要影响香气。

注释

*12 茶氨酸在茶树的根部合成，从根部向地上部茶树茎叶、新梢的运输过程中如遇强光照就会转化成儿茶素，而弱光对茶氨酸的分解有抑制作用。因此，遮阴栽培有利于茶树新梢及叶片中茶氨酸的积累。

茶梅　山茶

油茶　红色蕈菇

图1–9　茶梅、山茶、油茶、红色蕈菇
（图片引自网络）

第四节　茶叶中的主要色素与茶叶品质

色素是一类存在于茶树鲜叶和成品茶中的有色物质，是构成茶叶外形色泽、汤色及叶底色泽的成分，其含量及变化对茶叶品质起着至关重要的作用。茶叶中的色素包括鲜叶中已存在的天然色素和在加工中经生化成分的转化形成的色素。根据色素的溶解性又可分为水溶性色素和脂溶性色素两大类。

一、叶绿素

叶绿素是脂溶性色素[*13]，是形成绿茶、普洱生茶外观色泽和叶底颜色的主要物质，主要存在于茶树叶片中，包括叶绿素a和叶绿素b。茶鲜叶中的叶绿素约占茶叶干重的0.3%~0.8%，叶绿素a含量为叶绿素b的2~3倍。叶绿素依茶树品种、栽培方式（图1-10）[*14]、季节、树龄叶片成熟度的不同，其总量差异较大。叶绿素含量的高低可以作为判断不同茶树品种适制性的依据，一般大叶种茶树叶片含量较低，叶色呈黄绿色，适制普洱茶和红茶；小叶种茶树叶片含量较高，叶色呈深绿，适制绿茶。

注释

*13 茶叶中可溶于脂肪溶剂的色素，不溶于水。

*14 遮阴栽培可以显著提高鲜叶中叶绿素的含量，可以改善绿茶外形色泽偏黄、油润度不足的缺点。

遮阴栽培覆盖组　　对照组

图1-10 遮阴栽培对茶鲜叶叶绿素含量的影响（供试验品种为云抗10号）

二、花青素

花青素（anthocyan）是一类重要的水溶性色素，是花色素和花色苷的总称，其中，没有结合糖苷（配糖体）的苷元称为花色素（anthocyanidin），结合有糖苷（配糖体）的称为花色苷（anthocyanin）。一般茶叶中花青素占干物质量的0.01%

左右，而在红、紫芽茶中含量更高，如在云南省特有的茶树新品种紫娟茶鲜叶中的含量可达6%以上[15]，图1–11是紫娟茶及芽叶呈红紫色的部分茶树种质资源。花青素滋味苦涩，其含量高低对茶叶品质有很大影响。花青素是当今人类发现的最有效的纯天然抗氧化剂，抗氧化和清除自由基的作用比维生素C和维生素E分别高出20倍和50倍，还有改善人眼机能与预防眼疾作用，被誉为是飞行员的饮料。花青素还是维生素的增效剂，目前已被联合国粮食及农业组织（FAO）列为人类五大健康食品之一。

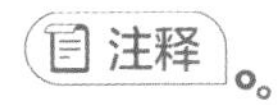

*15 紫娟茶花青素提取物。

图1–11 紫娟茶及芽叶呈红紫色的茶树种质

三、茶黄素

茶黄素（TFs）是在红茶加工[*16]过程中形成的色素。在红茶的制造过程中，以儿茶素为主体的茶多酚类物质因受多酚类物质的专一性酶茶多酚氧化酶（PPO）和过氧化氢酶（POD）的催化，氧化聚合形成有色产物，统称为红茶色素。红茶色素一般包含茶黄素（TFs）、茶红素（TRs）和茶褐素（TBs）三大类物质。TFs是红茶中色泽橙红（图1–12），具有收敛性的一类色素，目前已发现的具有苯骈卓酚酮结构的茶黄素类有13种，主要的有4种（图1–13）。

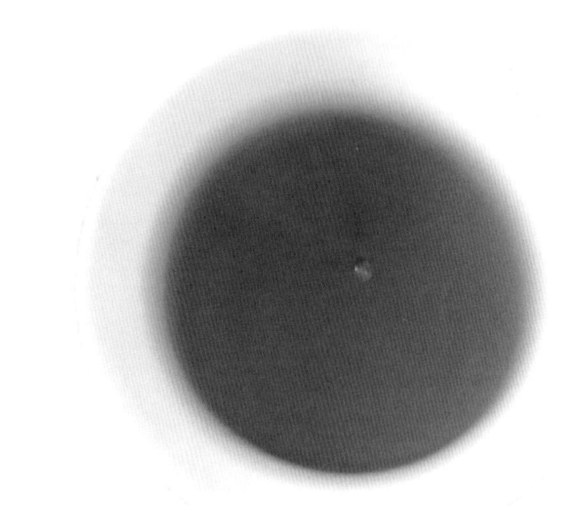

图1–12　红茶茶汤色泽（杯子内壁呈金黄色的部分为茶黄素）

R_1	R_2	
H	H	茶黄素
G	H	茶黄素-3-单没食子酸酯
H	G	茶黄素-3′-单没食子酸酯
G	G	茶黄素-3，3′-双没食子酸酯

G：没食子酰基

图1–13　红茶中4种主要的茶黄素

注释

*16　红茶的加工工序是鲜叶—萎凋—揉捻/揉切—发酵—干燥，其中萎凋工艺对红茶香气和茶汤滋味的形成具有积极的作用，如在逐步失水的萎凋过程中，叶子因失水使叶细胞汁液相对浓度提高，叶细胞内各种酶系的代谢方向趋于水解作用。一部分水解酶如淀粉酶、蛋白酶等活性都有提高，从而有利于萎凋叶中可溶性糖和氨基酸等成分及其转化产物的含量，也有利于增进茶汤的滋味。现有的研究表明，萎凋叶中香气成分总量可增至鲜叶原料的10倍以上。下图是高分子的淀粉在萎凋过程中水解形成可溶性葡萄糖的示意图。

淀粉 —淀粉酶，+水（H_2O）→ 糊精 —淀粉酶，+水（H_2O）→ 麦芽糖 —麦芽糖酶，+水（H_2O）→ 葡萄糖

淀粉在萎凋过程中水解形成可溶性葡萄糖

茶黄素含量占红茶固形物的0.3%～2.0%，呈橙黄色，具有辛辣和强烈的收敛性，对红茶红、浓、明、亮的品质特点起着重要的作用，是红茶茶汤浓度、强度和鲜度的重要成分，是红茶汤色“亮”的主体成分，同时也是形成茶汤“金圈”的主要物质（图1–12），茶黄素含量越高，汤色明亮度越好，呈金黄色；含量越低，汤色越深暗，其含量的高低与叶底亮度也呈高度正相关。与咖啡碱、茶红素等形成络合物，温度较低时显出乳凝现象，是茶汤形成“冷后浑”[*17]（图1–14）的重要因素之一。

注释。

*17 茶汤冷却后出现浅褐色或橙色乳状的浑浊现象，是优质红茶的象征。

图1–14 茶汤“冷后浑”现象

四、茶红素

茶红素（TRs）是一类复杂的不均一性红褐色酚性化合物，分子量在700～40000道尔顿之间。它既包括儿茶素酶促氧化聚合、缩合反应产物，也有儿茶素氧化产物与多糖、蛋白质、核酸和原花色素等产生非酶促反应的产物，图1–15是Haslam推测的TRs的部分结构。茶红素约占红茶固形物的5%～11%，呈棕红色，是形成红茶汤色“红”的主体物质，能溶于水，水溶液呈酸性，刺激性较弱，对茶汤滋味与汤色浓度起极其重要的作用，同时还参与“冷后浑”的形成。此外，茶红素还能与碱性蛋白质结合生成沉淀物存于叶底，影响红茶叶底的色泽。

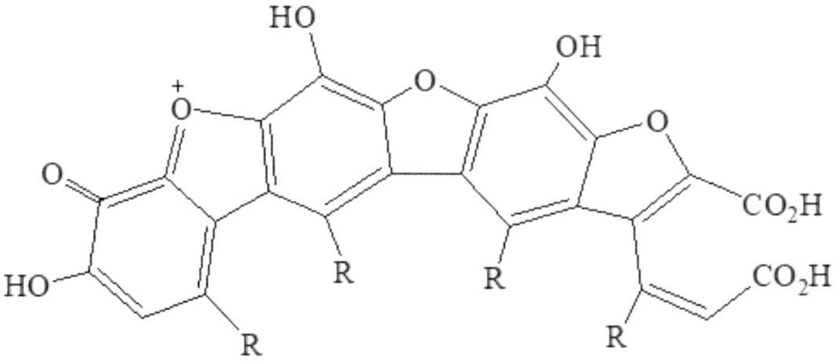

图1-15 Haslam推测的茶红素的部分化学结构

五、茶褐素

茶褐素（TBs）是一类水溶性非透析性高聚合的褐色物质，是红茶汤色呈“暗”褐色的主要成分，是红茶或发酵茶中不溶于乙酸乙酯和正丁醇的水溶性褐色物质。其主要组分是多糖、蛋白质、核酸和多酚类物质，在红茶、乌龙茶和白茶等有发酵（氧化）工序的茶类中是由茶黄素和茶红素进一步氧化聚合而成，化学结构及其组成有待探明，其含量一般为红茶干物质的4%~9%，是造成红茶茶汤发暗、无收敛性的重要因素。其含量与红茶品质呈高度负相关，含量增加时红茶等级下降。红茶加工中长时过重的萎凋，长时高温缺氧发酵，是茶褐素积累的重要原因。红茶贮存过程中，茶红素和茶黄素会进一步氧化聚合形成茶褐素，对红茶品质会产生不利的影响。因此，我们认为目前市场上盛传的“晒红”随储存时间的延长，品质会越来越好的说法是值得商榷的。

六、普洱茶色素

现有的国内外大多数的研究报道中都把普洱熟茶中的色素认为是茶褐素，但仔细分析红茶和普洱熟茶的加工工艺流程，我们会发现红茶和普洱熟茶是两种由完全不同的工艺流程加工而成的茶类，即红茶是经鲜叶—萎凋—揉捻—发酵（实则是茶多酚中的儿茶素氧化）—干燥—成品茶几道工序加工而成；普洱熟茶则是经鲜叶—摊青—杀青—揉捻—日光干燥—晒青绿茶—潮水渥堆（微生物发酵）—干燥（散茶）—蒸压—干燥（饼茶）几道工序加工而成。从上述工艺流程可知，红茶其实是氧化茶，而普洱熟茶是微生物参与的发酵茶，因此，普洱熟茶中不可能产生与红茶一样的茶色素。现已有研究结果证明，普洱熟茶的褐色色素不是茶多酚的氧化产物，而是来自微生物的发酵产物。著者的研究结果也表明，普洱熟茶的高效液相（HPLC）色谱图（图1-16）中的色谱峰[*18]中不存在与红茶一致的色素色谱峰，图1-16中在保留时间50min对应的位置（红色圆圈范围）没有检测到茶黄素类（TFs）类物质的色谱峰，而在图1-17中的保留时间50min对应的位置（红色圆圈范围）检测到了TFs类物质的色谱峰。因此，普洱茶色素与红茶色素是完全不同的色素类，其应该是赋予普洱熟茶醇厚甘滑品质特点的主要成分和普洱熟茶降脂、减肥、降血压、降血糖和调整肠道微生物种群结构的主要物质。图1-18是红茶和普洱熟茶茶汤汤色的对比图，从图1-18的目测结果，我们也可以清晰地看到红茶色素和普洱熟茶色素是完全不同的物质。

*18 色谱图中柱状的峰代表茶叶中的一个组分/生化成分。图1-16是普洱熟茶的高效液相（HPLC）色谱图，图中峰1是没食子酸的色谱峰，峰2是咖啡碱的色谱峰。图1-17是红茶的高效液相（HPLC）色谱图，从图可知，红茶中的色谱峰比普洱熟茶的丰富，说明HPLC能检测到的多酚类物质红茶较普洱熟茶丰富，而且检测到了茶黄素组分。

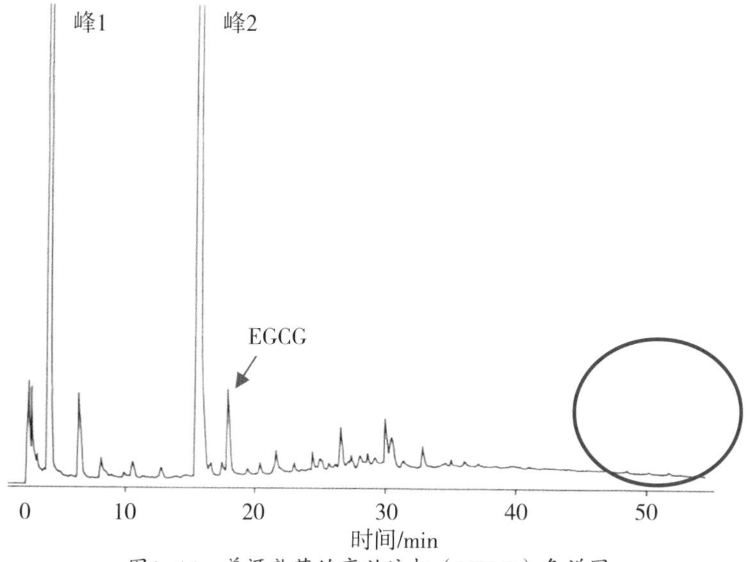

图1-16 普洱熟茶的高效液相（HPLC）色谱图

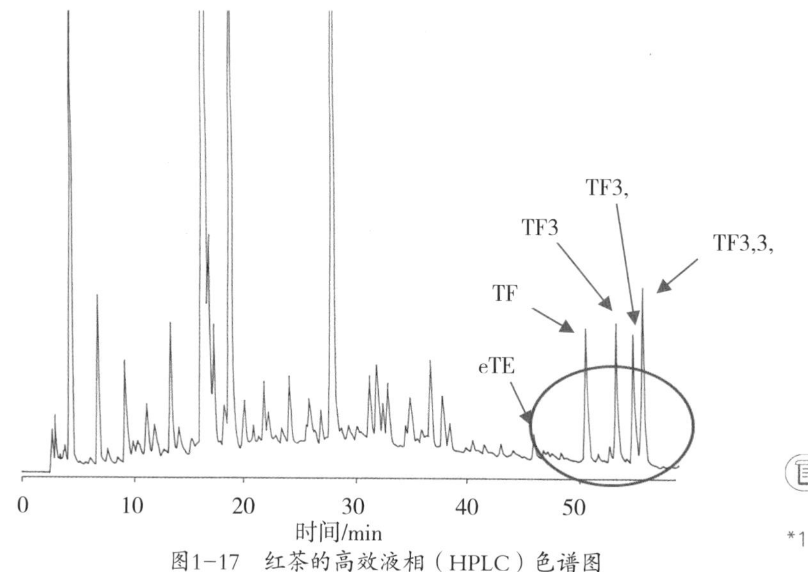

图1-17 红茶的高效液相（HPLC）色谱图

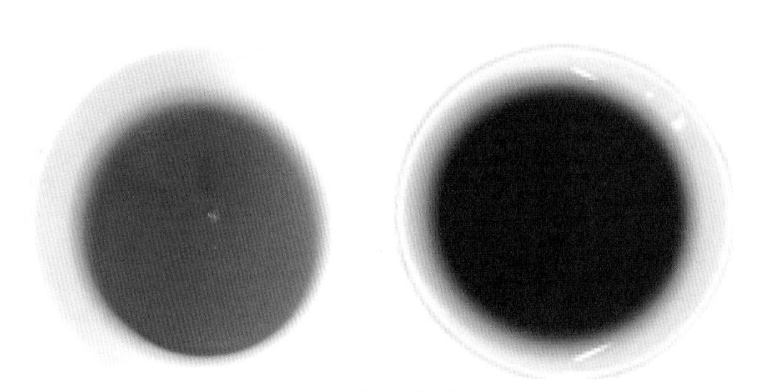
图1-18 红茶和普洱熟茶汤汤色对比图

注释

*19 茶叶中的有机酸可以帮助儿茶素在人体中的吸收，具有增强茶多酚抗氧化功能以及调节妇女月经周期、减轻关节炎等生理功能。此外，与茶叶中茶多酚、儿茶素等有效成分一样，有机酸具有抑制肠道致病菌生长，改善肠道功能的功效。在黑茶发酵过程中产生大量的有机酸能够降低肠道内pH，抑制致病菌生长繁殖。

第五节 茶叶中的有机酸及其呈味特性

茶叶中含有多种数量较少的游离有机酸*19，普洱茶中主要的有机酸有草酸、酒石酸、丙酮酸、苹果酸、乳酸、乙酸、柠檬酸等（图1-19）。有些有机酸与物质代谢关系密切，如种子萌发和新梢萌发时形成较多的有机酸，这是代谢旺盛的一种标志。有的有机酸是香气成分，如乙烯酸；有的本身虽无香气，但在氧化或其他作用影响下，可转化为香气成分，如亚油酸。亚油酸因人体自身无法合成或合成很少，必须从食物中获得，故亚油酸被称为是一种必需脂肪酸。由于亚油酸能降低血液胆固醇，预防动脉粥样硬化而倍受重视。研究发现，胆固醇必须与亚油酸结合后，才能在体内进行正常的运转和代谢。如果缺乏亚油酸，胆固醇就会与一些饱和脂肪酸结合，发生代谢障碍，在血管壁上沉积下来，逐步形成动脉粥样硬化，引发心脑血管疾病。因此亚油酸可预防或减少心脑血管病的发病率，特别是对高血压、高血脂、心绞痛、冠心病、动脉粥样硬化、老年性肥胖症等的防治极为有利，能起到防止人体血清胆固醇在血管壁的沉积，具有防治动脉粥样硬化及心脑血管疾病的保健效果，普洱茶晒青原料（图1-20）和普洱熟茶中都能检测到亚油酸（图1-21），对普洱茶香气有较大的贡献。有的是香气成分良好的吸附剂，如棕榈酸。茶叶香气成分中已发现的有机酸有25种，有些是属于挥发性的，有些是属于非挥发性的。没食子酸等酚酸类物质是茶多酚代谢的产物，参与制茶过程中的生化变化，如在上文中提到的在红茶发酵过程中可以营造适合茶多酚氧化酶（PPO）和过氧化氢酶（PDO）活性的最佳pH范围，对提高茶多酚氧化酶和过氧化氢酶的活性，促进儿茶素向茶黄素等色素类转化有直接影响。

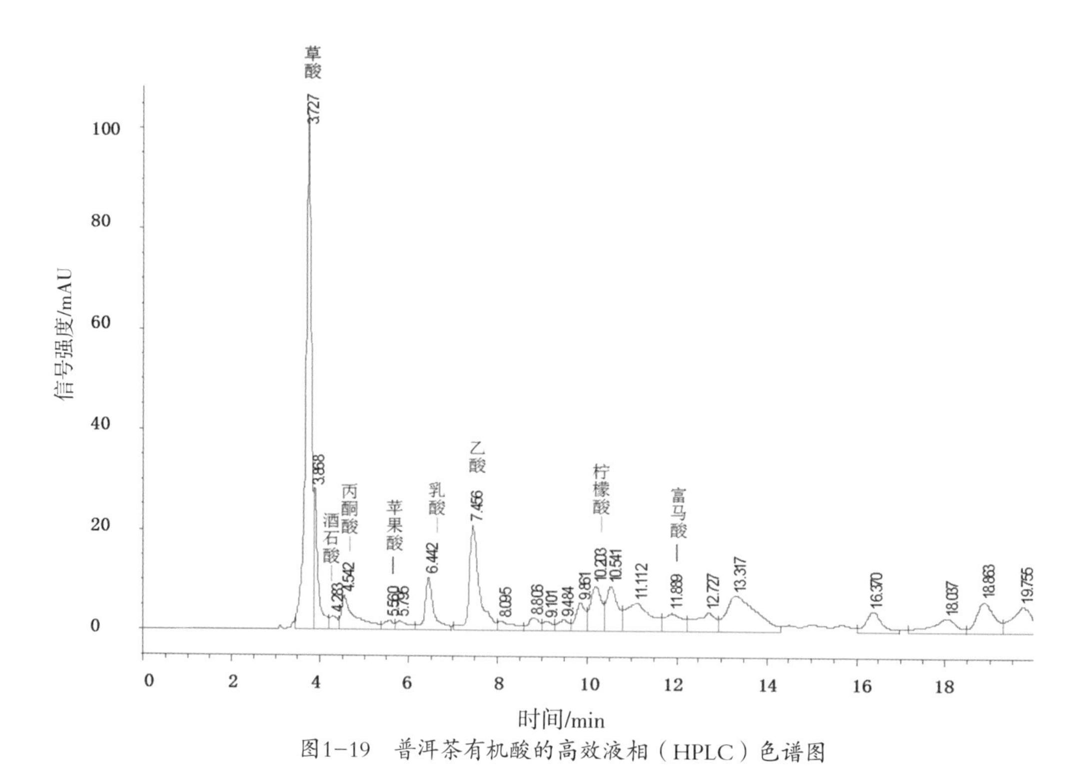

图1-19　普洱茶有机酸的高效液相（HPLC）色谱图

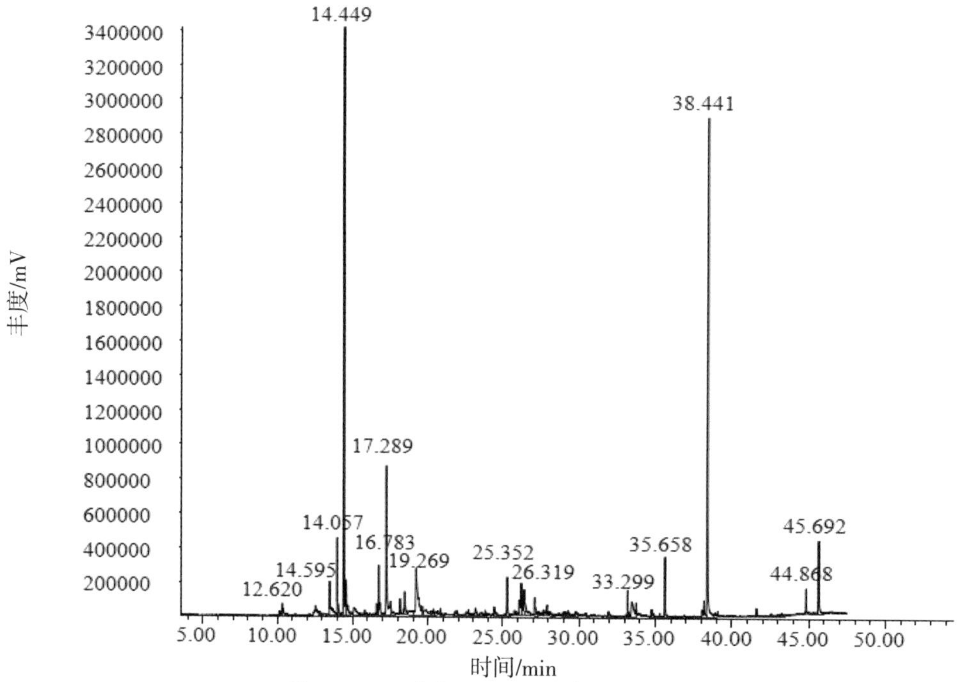

图1-20　晒青茶亚油酸的气相（GC）色谱图

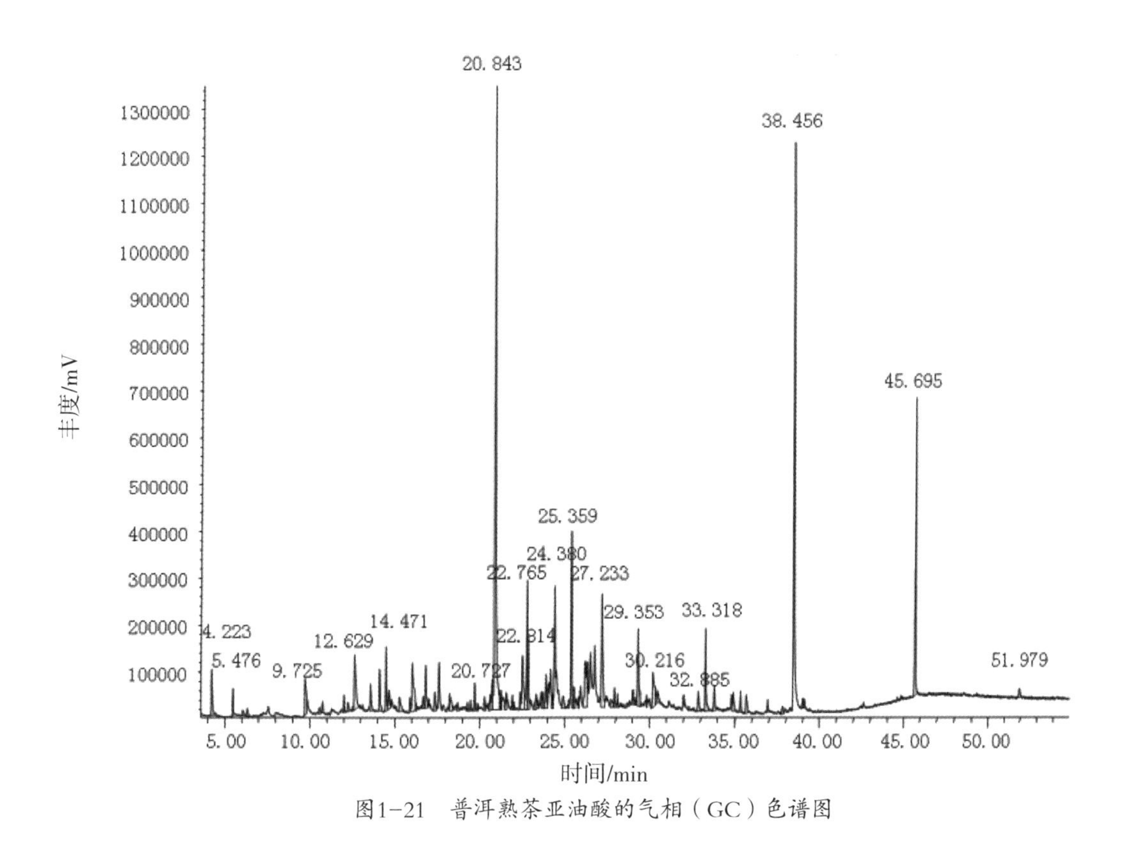

图1-21　普洱熟茶亚油酸的气相（GC）色谱图

第六节　茶叶水浸出物及其呈味特性

茶叶水浸出物是指茶叶中能溶于热水且可以检测到的所有可溶性物质的总称。茶叶中许多成分都是水溶性的，如茶多酚类物质、氨基酸、咖啡碱、单糖、双糖等，水浸出物含量的高低，反映了茶叶中可溶性物质总量的多少和茶汤滋味的厚薄。水浸出物含量的多少直接影响了茶汤的浓度和厚度，水浸出物含量较高的茶汤滋味较浓厚，口感的饱满度好。水浸出物含量可在一定程度上决定茶汤的冲泡次数。另外，茶叶水浸出物含量的测定可作为茶叶出口检验、样品分析、品种鉴定等方面的常规分析项目之一。

第七节 茶叶中的糖类及其呈味特性

茶叶中的糖类包括单糖、双糖和多糖三类，含量为20%~30%。茶叶中的糖类化合物都是由光合作用合成的初级代谢产物[*20]，因此，糖类化合物的含量与茶叶产量密切相关。茶叶中的单糖包括：葡萄糖、甘露糖、半乳糖、果糖、核糖、木酮糖、阿拉伯糖等，含量约为0.3%~1.0%；双糖包括：麦芽糖、蔗糖、乳糖、棉子糖等，含量约为0.5%~3.0%；单糖和双糖通常都易溶于水，故称可溶性糖，具有甜味，是茶叶滋味物质之一。茶叶中的单糖和双糖在代谢过程中，在一系列转化酶的作用下，易于转化成其他化合物。广义而言，茶叶中的茶多酚、有机酸、芳香物质、脂肪和类脂等物质都是糖的代谢产物，糖类物质又是重要的呼吸基质，因此，糖类的合成和转化是茶树生命活动的重要因素。茶叶中的单糖和双糖不仅是滋味物质，而且在制茶过程中参与茶叶香气的形成。某些茶叶具有“板栗香”“甜香”或“焦糖香”，这些香气的形成往往与糖类的变化，糖与氨基酸、糖与有机酸、糖与茶多酚等物质相互作用有关。茶叶中的多糖通常指的是淀粉、纤维素、半纤维素和木质素等物质，它们约占茶叶干物质的20%以上，其中淀粉只含有1%~2%，含量较多的是纤维素和半纤维素，约含9%~18%。淀粉在茶树体内是作为贮存物质而存在的。因此，

注释。

*20 二氧化碳/CO_2+水H_2O+阳光→葡萄糖/$C_6H_{12}O_6$+氧气/O_2

在种子和根中含量较丰富。纤维素类物质是茶树体细胞壁的主要成分，整个茶树就靠纤维素、半纤维素和木质素起支撑作用而生长。我们经常所说的茶叶新梢的持嫩性就与纤维素的含量有密切的相关性，如高山或者高海拔茶区由于昼夜温差大，新梢生长缓慢，新梢中纤维素的含量低，持嫩性好。茶叶中的多糖类物质一般不溶于水，在老叶和成熟度高的新梢中含量高。茶叶中还有很多与糖有关的物质，如：果胶、各种酚类的糖甙、茶皂甙、脂多糖等。果胶是茶叶中的一种胶体物质，是由糖代谢形成的高分子化合物，其含量约占茶叶干重的4%。其可溶于水的果胶称为水溶性果胶，含量约占果胶总量的 0.5%~2%，是形成茶汤厚度和干茶色泽光润度的组分之一。除了水溶性果胶外，其余属原果胶，不溶于水，是参与构成细胞壁的成分。茶皂甙又称茶皂素，存在于茶树种子、叶、根、茎中，种子中含量最高，约含1.5%~4.0%。通常将种子中的皂素称为茶籽皂素，而茶叶中的皂素称为茶叶皂素，是由木糖、阿拉伯糖、半乳糖等糖类和其他有机酸等物质结合成的大分子化合物。茶皂素味苦而辛辣，在水中易起泡，如茶叶中茶皂素含量过高就可能会影响到茶汤的感官品质，如粗老茶的粗味和泡沫可能与茶皂素有关。茶叶中的脂多糖是类脂和多糖等物质结合在一起的一种大分子物质，其中50%左右是类脂，30%~40%是糖类，10%左右是蛋白质等其他物质。茶叶中脂多糖的含量约为0.5% ~ 10%。用茶叶的脂多糖提取物对活体动物开展注射试验的研究结果表明，茶叶脂多糖有抗辐射的功效，这一结果已引起国内外研究工作者的广泛关注。除上述糖类外，茶叶中还含有水溶性的茶多糖（Tea Polysaccharide，TPS），茶多糖是一种类似灵芝多糖和人参多糖的与蛋白质结合在一起的酸性水溶性复合高分子化合物[*21]，即复合多糖。茶多糖具有降血糖、降血脂、抗凝、防血栓形成等很强的生物活

注释

*21　高分子化合物是指那些由众多原子或原子团主要以共价键结合而成的相对分子量在10000道尔顿（D）以上的化合物，可分为无机高分子化合物和有机高分子化合物，与茶叶品质相关的高分子化合物还有蛋白质、纤维素、半纤维素、淀粉等。

性，在保护血相和增强人体非特异性免疫能力等方面均有明显效果，是一种很有开发前景的天然产物。

第八节 茶叶中的芳香物质及其风味特性

茶叶中的芳香物质亦称“挥发性香气组分”，是茶叶中易挥发性物质的总称。茶叶香气是决定茶叶品质的重要因子之一，所谓茶香实际是不同芳香物质以不同浓度组合，并对嗅觉神经综合作用所形成的茶叶特有的香型，日本的山西贞教授认为香气是茶叶的命根子。茶叶芳香物质是由性质不同、含量差异悬殊的众多物质组成的混合物，迄今为止，已分离鉴定的茶叶芳香物质约有700种，按类型可以分为碳氢化合物、醇类、酮类、酯类、内酯类、酸类、酚类、含氧化合物、含硫化合物和含氮化合物十大类。

一般茶树鲜叶中芳香物质的含量不到0.02%，以醇类及部分醛类、酸类等化合物为主，大约有80多种，其香气特征以青草气为主；绿茶中芳香物质的含量约为0.005%~0.02%，因绿茶一般都要经过杀青和烘炒等加工过程，所以绿茶中的芳香物质种类多于茶树鲜叶，大约有260种芳香物质，主要以含碳氢化合物、醇类、酸类和含氮化合物为主；红茶中芳香物质的含量较多，约为0.01%~0.03%。红茶因经过萎凋和发酵等加工过程，成品茶中增加的香气组分更多，芳香物质多达400余种，其中以醇类、醛类、酮类、酯类、酸类化合物为主；普洱熟茶的香气成分由醇类、醛类、酸类、酮类、酯类、内酯、酚类、烃类、含氮类和萜烯类等10大类的101种化合物组成，主要的组分有21种，在主要的21种组分中，呈“陈香”的甲氧基苯类化合物含量最高，平均含量达19.077%，其次为脂肪酸类化合物，平均含量达12.210%（图1–22）。茶叶中芳香物质的沸点差异很大，沸点低的只有几十摄氏度至一百多摄氏度，高的可达200℃以上，例如占鲜叶芳香物质60%的青叶醇，具有强烈的青臭气，但由于其沸点只有157℃，高温杀青时，绝大部分挥发散失，而高沸点的芳香物质，如沉香醇（即芳樟醇）、香叶醇、苯乙醇、茉莉酮酸、香叶酯等就保留较多，从而使茶叶形成特有的清香、花香和果香等香气。茶叶中芳香物质的来源，有的是新梢生育过程中在茶树体内合成的，由于茶树品种不同，在茶树体内合成的香气组分会有所不同，进而就形成我们所俗称的“品种香”。但大部分香气是在制茶过程中由其他物质转化而来的。如绿茶杀青、烘炒的热化作用；红茶萎凋、发酵过程的生化作用；普洱茶的发酵和陈化过程；乌龙茶做青过程的酶促氧化都会产生大量香气物质。

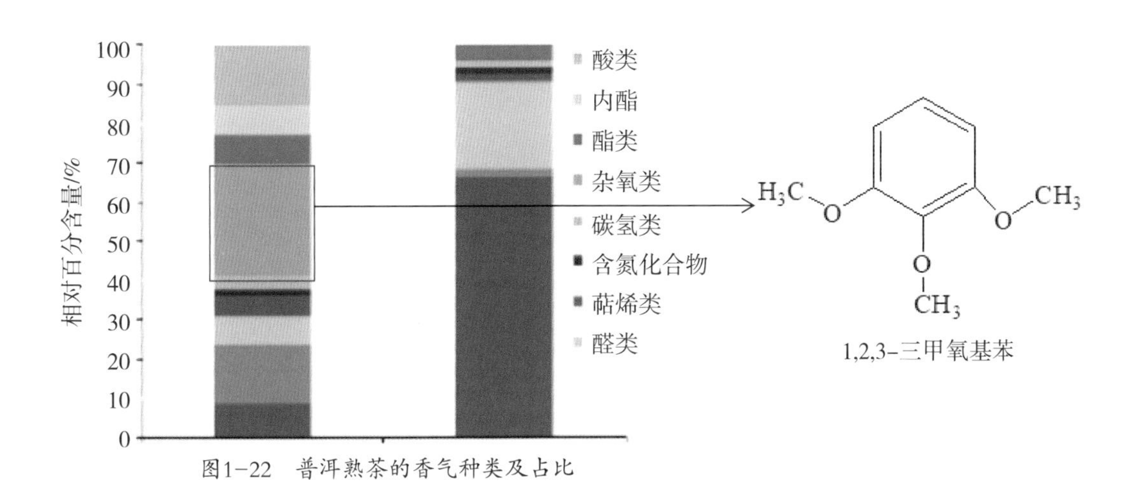

图1–22 普洱熟茶的香气种类及占比

表1-2 茶叶中主要香气物质及其香气特征

香气种类	香气物质	香气特征	补充描述
醇类	青叶醇（顺-3-己烯醇）	高浓度的青叶醇有强烈的青草气，稀释后有清香的感觉	高温下发生异构化作用，形成具有清香的反式青叶醇。一般春茶中含量较高，是新茶香代表物质之一。红茶加工中的萎凋及绿茶加工中的“摊放”过程对其形成有很大的促进作用
	苯甲醇	具微弱的苹果香气	揉捻及发酵阶段会大量形成
	苯乙醇	具特殊玫瑰香气	
	芳樟醇	具百合花或玉兰花香气	芳樟醇的含量和茶树品种的关系密切，大叶种的阿萨姆变种中的含量最高，中、小叶种的中国变种中含量较低，香气阈值较低，容易被人类嗅觉感知
	香叶醇	玫瑰花香、甜香	阿萨姆种及其他大叶种中含量较低，中、小叶种中含量较高。祁门种中含量高于普通种的几十倍，因而成为祁红呈玫瑰香特征的香气物质之一
	橙花醇	玫瑰香、苹果香	
	α-松油醇	木香	普洱熟茶中含量较高
	橙花叔醇	具木香、花木香和水果百合香韵	是乌龙茶及花香型高级名优绿茶的主要香气成分，其含量的多少与茶的香气品质直接相关
醛类	苯甲醛	苦杏仁味、坚果香	普洱熟茶中含量随贮存时间延长呈增加的趋势
	苯乙醛	甜香、清香、花香	
	正己醛	木香、清香、水果香、坚果香	普洱熟茶中含量较高
	壬醛	玫瑰花香、果香	
酮类	苯乙酮	甜香，樱桃香气，香草	
	α-紫罗酮	具有紫罗兰香	为β-胡萝卜素的降解产物
	β-紫罗酮	具有紫罗兰香	对绿茶香气影响较大
	异佛尔酮	樟木香	
	植酮	果香味	
	茉莉酮	有强烈而愉快的茉莉花香	茉莉花茶中含量较多，也是构成新茶香气的重要成分
	茶螺烯酮	具果实、干果类香气	存在于成品茶中，β-胡萝卜素的降解产物

续表1–2

香气种类	香气物质	香气特征	补充描述
酯类	醋酸香叶酯	似玫瑰香气	
	醋酸香草酯	较强的香柠檬油香气	
	醋酸芳樟酯	似青柠檬香气	
	醋酸橙花酯	具玫瑰香气	
	水杨酸甲酯	具浓的冬青油香	
	茉莉内酯	具有特殊的茉莉花香	是乌龙茶、包种茶和茉莉花茶的主要香气成分
	二氢海葵内酯	甜桃香	β-胡萝卜素的热降解或光氧化产物。在茶叶发酵、干燥过程中含量增加
	棕榈酸甲酯	愉快的水果香	
	棕榈酸乙酯	奶油香气	
酸类	棕榈酸	蜡质香、优质香	
	辛酸	异味	
甲氧基苯类	1,2－二甲氧基苯	陈香味	普洱熟茶的主要呈香成分
	1,2,3-三甲氧基苯	陈香味	普洱熟茶的主要呈香成分
	1,2－二甲氧基-4-乙基苯	陈香味、清香	普洱熟茶的主要呈香成分
	1,2,4-三甲氧基苯	陈香味	普洱熟茶的主要呈香成分
其他类	甲苯	陈香味	
	柏木脑	木香、玫瑰香	
	茶吡咯	烘烤香、烟香	
	邻甲酚	霉味	
	D(+)-樟脑	薄荷香、草本香	
	1-甲基萘	樟木香	
	2-甲基萘	甜香、花香、木香	
	邻乙基甲苯	陈香味	

参考文献

[1] 宛晓春, 夏涛. 茶树次生代谢[M]. 北京: 科学出版社, 2015：2-3.
[2] Robichaud J L, Noble A C. Astringency and bitterness of selected phenolics in wine [J]. J Sci Food Agric, 1990, 53（3）: 343-353.
[3] 张英娜, 嵇伟彬, 许勇泉, 等. 儿茶素呈味特性及其感官分析方法研究进展[J]. 茶叶科学, 2017,37（1）:1-9.
[4] 林杰, 段玲靓, 吴春燕, 等. 茶叶中的黄酮醇类物质及对感官品质的影响[J]. 茶叶, 2010, 1：14-18.
[5] Xu, M, Pirtskhalava, T, et al. Senolytics improve physical function and increase lifespan in old age[J]. Nat Med, 2018, 241:246-1256.
[6] 宛晓春. 茶叶生物化学[M]. 第3版. 北京: 中国农业出版社, 2007： 9-15.
[7] 吕海鹏, 林智, 谷记平, 等.普洱茶中的没食子酸研究[J]. 茶叶科学 2007, 27（2）:104-110.
[8] 施兆鹏, 刘仲华. 夏茶苦涩味化学实质的数学模型探讨[J]. 茶叶科学, 1987, 7（2）:7-12.
[9] 漠丽萍. 勐海县苦茶资源现状及开发利用探析[J]. 现代农业科技, 2017（13）: 27-28.
[10] 叶创兴, 林永成, 苏建业, 等. 苦茶Camellia assamica var. kucha Chang et. Wang的嘌呤生物碱[J]. 中山大学学报（自然科学版）, 1999, 5：82-86.
[11] 阎意辉, 袁文侠, 关文玉, 等. 遮荫处理对云抗10号茶树春梢生化成分含量的影响[J]. 西南大学学报（自然科学版）, 2013,35（10）:10-14.
[12] 李燕丽, 罗琼仙, 关文玉, 等. "紫娟"茶花色苷的类型、组成及其质量分数的季节性变化[J]. 西南大学学报（自然科学版）, 2016, 38（6）:1-6.
[13] 村松敬一郎.茶の科学[M]. 日本株式会社朝仓书店, 1997, 9:117.
[14] 李家华.茶叶茶多酚的研究[D]. 日本鹿儿岛大学, 2009：110-113.
[15] 杨雪梅, 任洪涛, 罗琼仙, 等. "紫娟"红茶和"紫娟"普洱熟茶香气成分的分析[J]. 热带农业科学, 2017, 37（5）:72-82.

第二章

不同贮存年份普洱茶五项常规成分含量的变化与品质评价

含水量、茶多酚、氨基酸、咖啡碱和水浸出物是茶叶的五项常规成分，在评价茶叶内质品质方面起着非常重要的作用。著者的研究团队以云南双江勐库茶叶有限责任公司提供的贮存时间在2006—2015年期间[22]（即贮存年份为10年）的共10个年份的普洱生茶和普洱熟茶标准样为供试茶样，测定研究了供试的普洱茶（生、熟）在10年贮存期内上述五项常规生化成分含量变化趋势，并分析了含量变化对普洱茶的外形色泽和内质品质可能产生的影响。

注释。

*22 第二章至第七章的所有供试样相同。

一、不同贮存年份普洱茶含水量的变化及其对品质评价的影响

含水量在茶叶加工、贮存、包装以及茶叶流通领域中是一个动态的变量，它既是茶叶加工中的质量控制指标，又是在贮存、包装和流通领域中的质量保证指标，茶叶含水量超过10%，水分活度（Aw）[23]。通过对水分活度的研究，人们发现食品腐败过程的主要发生者微生物，其繁殖活动对水分活度（Aw）值有一定的要求，即细菌繁殖活动要求水分活度（Aw）不低于0.91，酵母不低于0.87，霉菌不低于0.80；当水分活度（Aw）小于0.6 时，任何微生物都不能生长。可见茶叶在制造、贮存中含水量应控制在4%～10%范围内，水分活度（Aw）控制在小于0.6，这样就可有效地防止微生物对茶叶的污染；大于0.6时，易发生霉变、风味物质会发生变化，如香气物质的逸散、滋味的变淡、色素的分解、褐变反应等；营养成分变化，如维生素的氧化、类酯的水解、氨基酸的减少等。著者团队的研究结果显示，在10年贮存期间，普洱熟茶的含水量大于普洱生茶，普洱生茶的含水量呈随贮存时间的延长显著（$P<0.05$）递增的趋势，熟茶含水量的变化趋势与生茶相反，呈显著（$P<0.05$）递减的趋势，但是无论生茶还是熟

注释。

*23 可用于制定普洱茶仓储环境的相对空气湿度，茶叶的含水量与周围环境的相对湿度（ERH）有很大关系，根据水分活度（Aw）=周围环境的相对湿度ERH（%）/100；一般周围环境的相对湿度在50%以下，茶叶含水量小于7%时，水分活度（Aw）小于0.5；当周围环境的相对湿度在60%以上时，茶叶含水量就会升到8%以上，水分活度（Aw）大于0.6。

茶含水量的变化都在国家规定的标准范围内，对普洱茶品质不会产生不良的影响。但是，普洱熟茶的含水量偏高，所以一定要控制好普洱熟茶贮存环境的空气相对湿度。结果如表2-1和图2-1所示。

表2-1 10年贮存期间各年份普洱茶的含水量（%）

贮存年份	2015年	2014年	2013年	2012年	2011年	2010年	2009年	2008年	2007年	2006年
贮存时间	第1年	第2年	第3年	第4年	第5年	第6年	第7年	第8年	第9年	第10年
生茶含水量	4.39e	4.68de	4.73cde	4.86bcde	4.89bcd	5.00abcd	4.99abcd	5.22abc	5.28ab	5.48a
熟茶含水量	9.97a	9. 88de	9.57e	9.78c	9.37f	9.64ce	9.28g	9.55e	9.07h	9. 07h

注：表中英文小写字母表示Duncan’s 新复极差测验SSR法在$P<0.05$水平下的差异显著性，不同字母表示差异显著，反之不显著（n=3）。

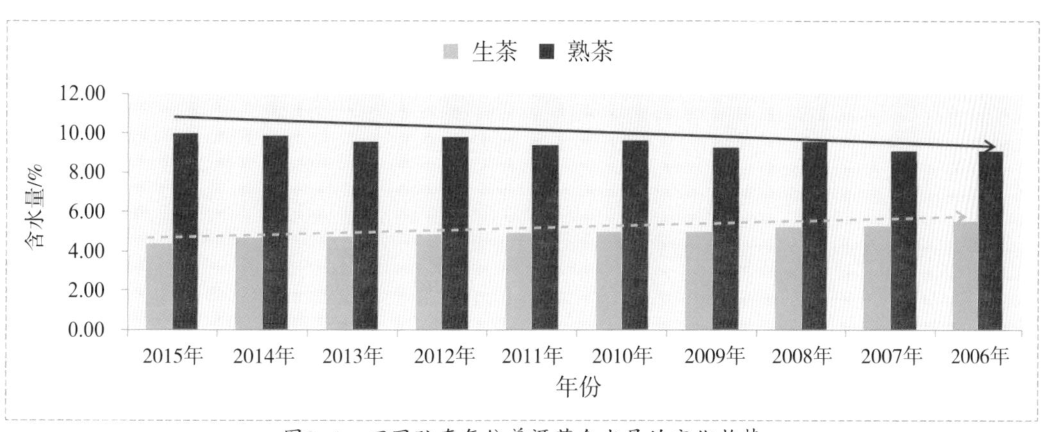

图2-1 不同贮存年份普洱茶含水量的变化趋势

二、不同贮存年份普洱茶茶多酚含量的变化及其对品质评价的影响

茶多酚与茶叶色、香、味等的形成密切相关，是茶叶呈苦涩、收敛性和回甘的主体成分，普洱茶贮存期间茶多酚的变化程度对普洱茶陈化品质有很大的影响。表2-2是10年贮存期间各年份普洱茶茶多酚含量变化的测定结果；图2-2是10年贮存期间茶多酚含量的变化规律。从表2-2和图2-2可以看出，在2015—2006

年10年的贮存期内，普洱生茶茶多酚含量总体呈下降趋势，2006年（贮存时间第10年）与2015年（贮存时间第1年）的相比，茶多酚含量的降幅达37.58%。但是从下降的规律来看，可以明显地区分为三个阶段，第一阶段是贮存初期的前3年（2015—2013年/贮存时间第1年至第3年），这一阶段茶多酚含量虽也呈下降趋势，但降幅较小，3个年份普洱生茶的茶多酚含量无显著差异。第二阶段是贮存中期的3年（2012—2010年/贮存时间第4年至第6年），从图2-2可以明显地看到，此阶段普洱生茶的茶多酚含量显著（$P<0.05$）低于第一阶段的含量，但是也和第一阶段的三个年份的普洱生茶的茶多酚含量的变化规律一样，茶多酚含量虽也随着贮存年份的延长呈下降趋势，但降幅较小，无显著差异。第三阶段是贮存后期的4年（2009—2006年/贮存时间第7年至第10年），此阶段普洱生茶的茶多酚含量显著低于第一、二阶段的含量，其中2006年（贮存时间第10年）的普洱生茶的茶多酚含量显著低于2009—2007年（贮存时间第7年至第9年）3个年份普洱生茶的含量，而2009—2007年3个年份普洱生茶的茶多酚含量无显著差异。普洱熟茶茶多酚含量在10年贮存期内也呈下降趋势，但是降幅较小，2006年（贮存时间第10年）与2015年（贮存时间第1年）的相比，茶多酚含量的降幅仅为18.23%。另外，由图2-2也可知，从2015年（贮存时间第1年）到2008年（贮存时间第8年）的贮存期茶多酚含量的变化都比较平稳，无显著下降，只是到了2007年（贮存时间第9年）时才呈显著下降。说明普洱熟茶茶多酚几乎在普洱熟茶加工的发酵过程就转化成了色素类、挥发性成分醛类等其他物质，成品茶中保留的部分几乎不再转化成其他成分。从上述的研究结果，我们认为不论是普洱生茶或是普洱熟茶，茶多酚的含量都会随贮存年份的延长而趋于显著递减的趋势。原因是普洱茶贮存期间，茶多酚受到贮存环境的温度、空气中的氧气和空气湿度等外界环境的影响，发生自动氧化、降解、聚合、缩合等过程，生成各种有色物质和挥发性物质（如醛类）。因此，普洱茶经过一定时间的贮存后茶多酚含量的减少对减轻普洱茶的苦涩味、收敛性，提高醇度和口感的甜润度是有积极影响的。而有色物质的生成，对普洱生茶而言，外形

色泽会从墨绿油润向绿黄方向发展，茶汤会从黄绿转向绿黄、橙黄明亮，所以对改善普洱生茶的感官品质特点是有积极贡献的；对普洱熟茶茶汤红艳度的提高（可以参见：第六章色差仪分析结果）和滋味趋于醇和也有利。但是，如果将普洱生茶无限期贮存下去的话，茶多酚会过度地减少，势必会影响到普洱生茶滋味的丰富度和厚度。因此，我们认为从茶多酚与普洱生茶的茶汤滋味、茶多酚与抗氧化等（可以参见：第十一章抗氧化研究结果）保健功效的角度来考虑，贮存5～6年的普洱生茶已经具备很高的品饮价值。

表2-2 10年贮存期间各年份普洱茶茶多酚的含量（%）

贮存年份	2015年	2014年	2013年	2012年	2011年	2010年	2009年	2008年	2007年	2006年
贮存时间	第1年	第2年	第3年	第4年	第5年	第6年	第7年	第8年	第9年	第10年
生茶茶多酚含量	29.8a	28.4b	28.2b	25.4c	24.8d	24.2e	20.4f	20.0g	20.0g	18.6h
熟茶茶多酚含量	17.17a	16.57cd	16.62cd	16.04bcd	17.01ab	16.71bc	16.71bc	16.19d	15.7le	14.04g

注：表中英文小写字母表示Duncan's 新复极差测验SSR法在$P<0.05$水平下的差异显著性，不同字母表示差异显著，反之不显著（n=3）。

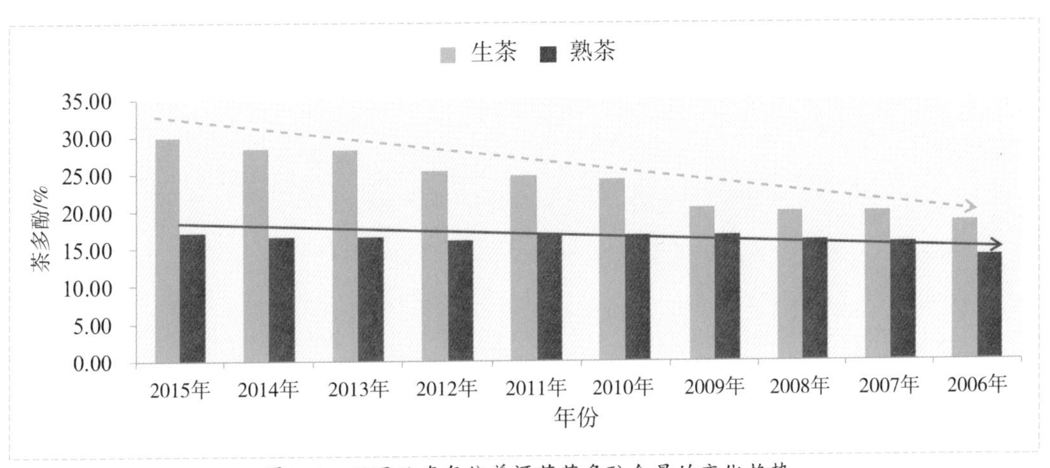

图2-2 不同贮存年份普洱茶茶多酚含量的变化趋势

三、不同贮存年份普洱茶氨基酸含量的变化及其对品质评价的影响

氨基酸是体现茶汤鲜爽度的重要生化成分，能增强茶汤的鲜爽度以及甘甜的回味。表2–3是10年贮存期间各年份普洱茶氨基酸含量变化的测定结果；图2–3是普洱茶在10年的贮存过程中氨基酸含量的变化规律，从表2–3和图2–3可知，氨基酸含量随贮存年份的延长呈显著（$P<0.05$）下降趋势，在整个贮存期间普洱生茶氨基酸含量的变化范围在2.94%~4.22%之间，但是在贮存初期的2015年（贮存时间第1年）至2012年（贮存时间第4年），氨基酸的含量虽也呈显著减少，但是含量均保持在较高水平，含量均≥4.0%，但是从2012年（贮存时间第4年）至2006年（贮存时间第10年）的贮存期内，氨基酸的含量呈波动性的显著下降趋势。到2006年（贮存时间第10年）的普洱生茶氨基酸的含量只有2.94%，与2015年（贮存时间第1年）的相比，降幅达30.33%。普洱熟茶的氨基酸含量远低于普洱生茶的含量，普洱熟茶中氨基酸氨含量在贮存期间的变化规律和普洱生茶也有不同之处，在整个贮存期间呈波浪形的变化趋势，表现出一定的复杂性。贮存初期的2015年（贮存时间第1年）至2012年（贮存时间第4年）的期间，氨基酸含量的变化与普洱生茶一样都呈显著减少的趋势，但是到了贮存的中期，氨基酸含量又会增加，如2011年（贮存时间第5年）的含量甚至超过了2015年（贮存时间第1年）生产的普洱熟茶的含量，达1.83%。之后又呈下降趋势，到2006年（贮存时间第10年）的普洱熟茶中氨基酸含量仅为1.34%，与2015年（贮存时间第1年）的含量相比，降幅达26.77%。在普洱茶的贮存初期（贮存时间从第4年至第5年内），普洱生茶氨基酸含量的降幅较小，普洱熟茶中又会出现小幅上升的情况，其原因可能是

在贮存初期，受贮存环境中的水分、温度、氧气和光线等外界因素的影响，普洱茶的蛋白质发生部分降解转化成氨基酸。而贮存后期会出现氨基酸含量的下降，是因为在贮存期间普洱茶的氨基酸能与茶多酚的自动氧化产物醌类和水溶性色素结合形成暗色聚合物。再者，氨基酸本身也会在一定湿度、温度下发生自动氧化及降解反应，转化为其他物质，如经偶联氧化[*24]过程转化成醛类等具有陈香的挥发性物质（图2-4）等所致。因此，从保证普洱茶茶汤滋味的鲜爽度、茶汤汤色的明度和亮度（氨基酸能与茶多酚的自动氧化产物醌类和水溶性色素结合形成暗色聚合物）的角度来考虑，贮存5～6年的普洱生茶已经具备很高的品饮价值，这一结果与茶多酚含量变化对品质影响的评价一致。

注释。

*24 偶联氧化反应即偶联反应（Coupled reaction），也称偶合反应、偶连反应、耦联反应，是由两个有机化学单位进行某种化学反应而得到一个有机分子的过程。

表2-3 10年贮存期间各年份普洱茶氨基酸的含量（%）

贮存年份	2015年	2014年	2013年	2012年	2011年	2010年	2009年	2008年	2007年	2006年
贮存时间	第1年	第2年	第3年	第4年	第5年	第6年	第7年	第8年	第9年	第10年
生茶氨基酸含量	4.22a	4.15b	4.0ld	4.00c	3.23f	3.26f	3.14g	3.06h	3.00i	2.94j
熟茶氨基酸含量	1.80a	l.65c	l.52e	1.41f	l.83a	1.50e	l.72b	l.6lcd	1.59d	1.34f

注：表中英文小写字母表示Duncan's 新复极差测验SSR法在$P<0.05$水平下的差异显著性，不同字母表示差异显著，反之不显著（n=3）。

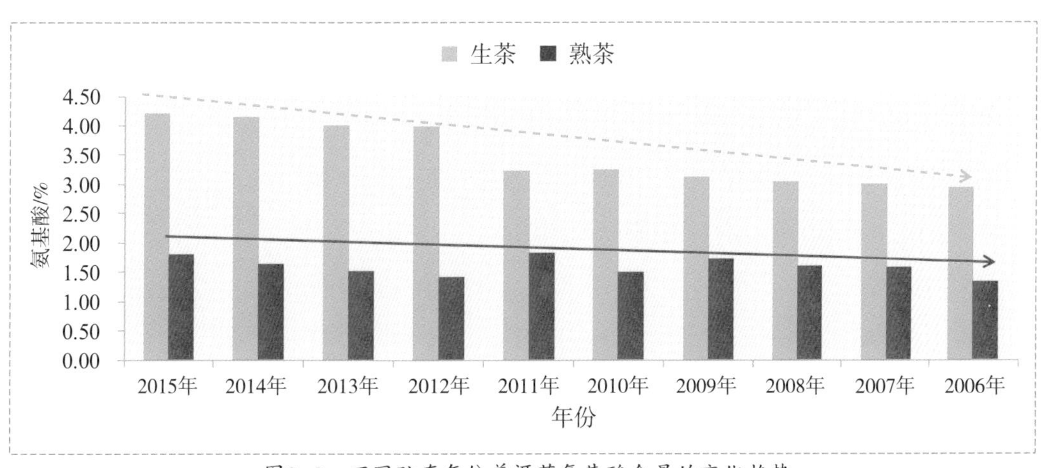

图2-3 不同贮存年份普洱茶氨基酸含量的变化趋势

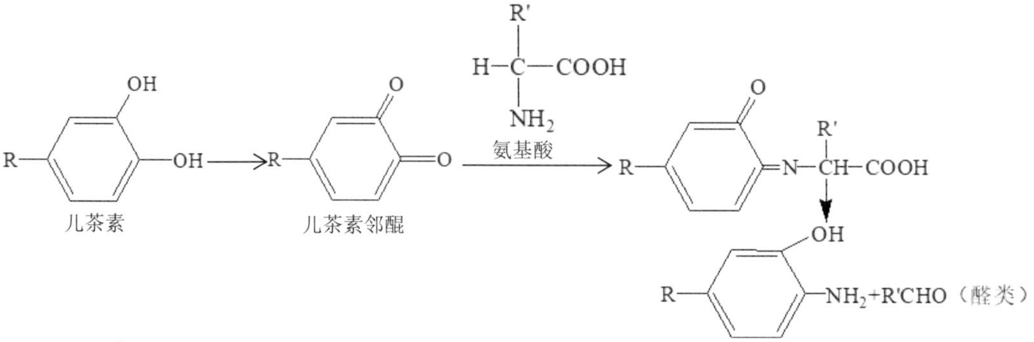

图2-4　氨基酸经偶联氧化过程转化成醛类等具陈香的挥发性物质的示意图

四、不同贮存年份普洱茶咖啡碱含量的变化及其对品质评价的影响

咖啡碱是茶汤中体现苦味的重要物质基础，咖啡碱还可以和茶黄素等水溶性色素以氢键缔合后形成复合物（或称络合物）（参见图1-14），而呈鲜爽味（参见图1-6）。表2-4是10年贮存期间各年份普洱茶咖啡碱含量变化的测定结果。图2-5是普洱茶在10年的贮存过程中咖啡碱含量的变化规律。从表2-4和图2-5可知，在10年的贮存期内，普洱茶咖啡碱含量的变化无明显的规律可循，普洱生茶和普洱熟茶咖啡碱含量的变化也出现不同的特点。在2015年（贮存时间第1年）至2010年（贮存时间第6年）的贮存期内，普洱生茶咖啡碱含量呈递增趋势，含量从2015年（贮存时间第1年）的3.72%增加到2010年（贮存时间第6年）的3.94%，但是2009年（贮存时间第7年）到2006年（贮存时间第10年）的普洱生茶中咖啡碱的含量与2015年（贮存时间第1年）至2010年（贮存时间第6年）的相比，呈显著（$P<0.05$）减少的趋势，但仍保持较高的含量；普洱熟茶咖啡碱的含量在贮存的前期（2015年/贮存时间第1年至2011年/贮存时间第5年）呈显著（$P<0.05$）下降的趋势，在2012年（贮存时间第4年），2011年（贮存时间第5年）降到最低值，含量仅为

1.13%。2010年（贮存时间第6年）的普洱熟茶中咖啡碱的含量又突然增加，而且含量达到最高的3.26%，造成这一现象的原因可能是咖啡碱与普洱熟茶中水溶性色素形成的复合物色素的降解而分解，游离的咖啡碱极易被提取出有关，之后随着贮存年份的延长咖啡碱含量继续下降。贮存期间咖啡碱含量的降低对减轻普洱茶的苦味有积极的影响，在一定程度上也佐证了普洱熟茶对睡眠的影响较弱的说法。

表2-4　10年贮存期间各年份普洱茶咖啡碱的含量（%）

贮存年份	2015年	2014年	2013年	2012年	2011年	2010年	2009年	2008年	2007年	2006年
贮存时间	第1年	第2年	第3年	第4年	第5年	第6年	第7年	第8年	第9年	第10年
生茶咖啡碱含量	3.72abcd	3.74abc	3.74abc	3.90ab	3.92d	3.94a	3.50cd	3.62bcd	3. 64bcd	3.58cd
熟茶咖啡碱含量	2.49b	1.45c	1.24c	1.13c	1.13c	3.26a	2.97ab	2.93ab	1.41c	1.19c

注：表中英文小写字母表示Duncan's 新复极差测验SSR法在$P<0.05$水平下的差异显著性，不同字母表示差异显著，反之不显著（n=3）。

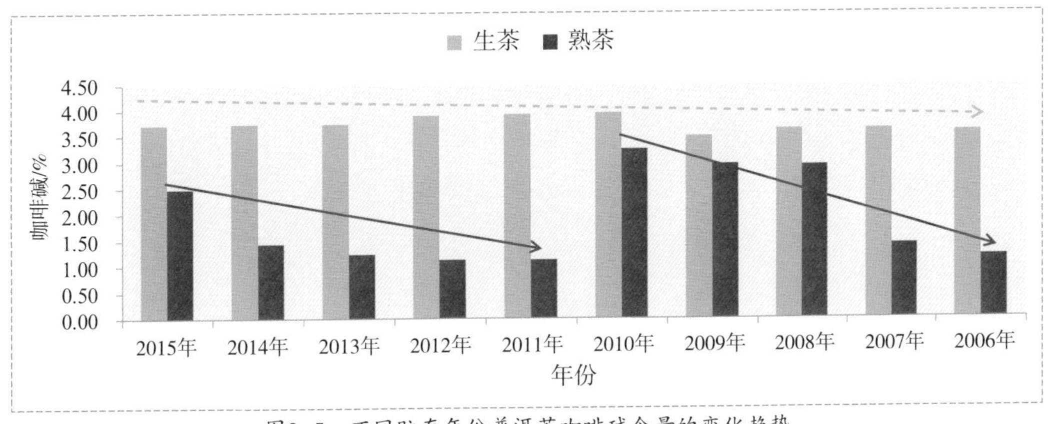

图2-5　不同贮存年份普洱茶咖啡碱含量的变化趋势

五、不同贮存年份普洱茶水浸出物含量的变化及其对品质评价的影响

水浸出物含量的高低反映了茶叶中可溶性物质的多少，

标志着茶汤的厚薄以及滋味的浓强程度，在一定程度上反映了茶叶品质的优劣。表2-5是10年贮存期间各年份普洱茶水浸出物含量变化的测定结果。图2-6是10年贮存期内，普洱茶水浸出物含量的变化趋势，从表2-5和图2-6可知，普洱生茶水浸出物含量变化无规律可循，呈现出无规律的变化趋势，但是到了2011年（贮存时间第5年）时有个显著的上升过程，达到了整个贮存期的最高值，含量高达44.22%。因此，和上述从茶多酚和氨基酸含量变化的角度判断的一样，从水浸出物含量高低的方面来考量的话，也可以认为贮存5～6年的普洱生茶已经具备很高的品饮价值。另外，在整个10年的贮存期内，普洱生茶水浸出物含量都保持在一个很高的水平，说明至少在10年的贮存期内，普洱生茶滋味的厚薄和浓强以及冲泡次数都是可以保证的。普洱熟茶的水浸出物含量远低于普洱生茶的含量，在2015—2009年（贮存时间从第1至第7年）的7年贮存期内，水浸出物含量的变化规律与普洱生茶相似，只是从2008年（贮存时间第8年）开始出现了显著的下降趋势，到了2006年（贮存时间第10年）时降到了最低，含量仅为14.00%，与2015年（贮存时间第1年）和2011年（贮存时间第5年）相比，降幅分别达51.17%和54.35%，据此判断，为保证普洱熟茶滋味的浓强度，普洱熟茶贮存5～6年即可。

表2-5 10年贮存期间各年份普洱茶水浸出物含量（%）

贮存年份	2015年	2014年	2013年	2012年	2011年	2010年	2009年	2008年	2007年	2006年
贮存时间	第1年	第2年	第3年	第4年	第5年	第6年	第7年	第8年	第9年	第10年
生茶水浸出物含量	39.34bc	41.78ab	35.55d	38.67bca	44.22a	39.1bc	39.78bc	37.78cd	41.11abc	38.00cd
熟茶水浸出物含量	28.67b	21.33d	23.00c	20.68de	30.67a	23.00c	28.00b	20.00e	23.67c	14.00f

注：表中英文小写字母表示Duncan's 新复极差测验SSR法在$P<0.05$水平下的差异显著性，不同字母表示差异显著，反之不显著（n=3）。

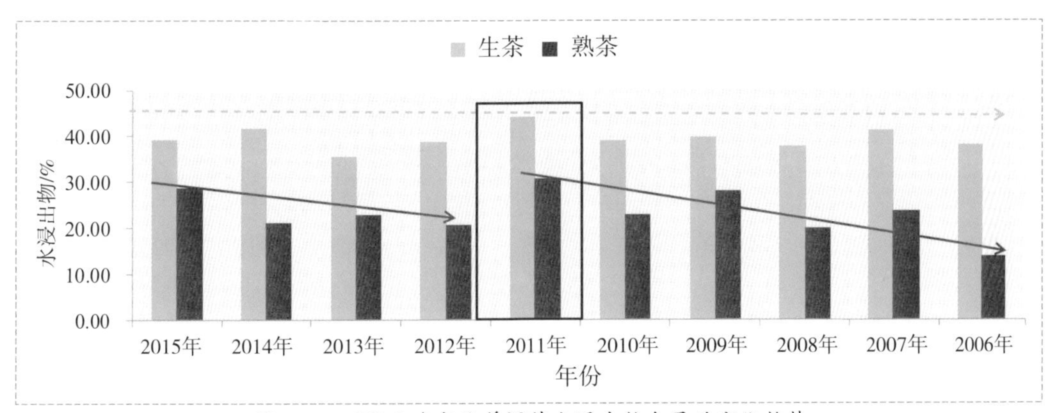

图2-6 不同贮存年份普洱茶水浸出物含量的变化趋势

六、不同贮存年份普洱茶酚氨比的变化及其对品质评价的影响

酚氨比是衡量茶汤滋味协调性和茶树品种适制性的一个参数。茶多酚是茶叶中的主要物质之一，呈苦涩味，氨基酸也是茶叶品质成分中含氮化合物[*25]的突出代表，是形成茶汤鲜爽度和香味的主要物质。对于普洱生茶而言，茶多酚和氨基酸在茶叶滋味中讲究协调，茶多酚不能过多，氨基酸也不能过少。一般来说：酚氨比低，茶汤滋味醇度和鲜爽度高；酚氨比高，茶汤苦涩味强，醇度和鲜爽度低。对于普洱熟茶而言，酚氨比能否作为其茶汤滋味的指标值得商榷。因为，普洱熟茶本身所含的茶多酚和氨基酸经过渥堆发酵处理后大多已经转化成色素等茶多酚衍生物，以及来源于氨基酸的挥发性香气成分，茶多酚和氨基酸的含量已远低于普洱生茶中的含量，对其茶汤苦涩味的影响已大大降低。

表2-6是在测定了10年贮存期普洱茶茶多酚和氨基酸含量的基础上，分析获得的酚氨比，图2-7是10年贮存期内，普洱茶酚氨比的变化趋势。从表2-6和图2-7可知，在整个10年的贮存期内，普洱生茶酚氨比都在7左右。因此，单纯从茶叶滋味的协调性来看，我们认为10年贮存期内的普洱生茶都能保证

注释

*25 茶叶中的含氮化合物有蛋白质、生物碱（如咖啡碱）和氨基酸三大类物质。

醇、厚、甘、滑的普洱茶感官品质要求，即滋味的协调性都很好，这一点与一般的绿茶有区别。

表2-6　10年贮存期间不同年份普洱茶酚氨比

贮存年份	2015年	2014年	2013年	2012年	2011年	2010年	2009年	2008年	2007年	2006年
贮存时间	第1年	第2年	第3年	第4年	第5年	第6年	第7年	第8年	第9年	第10年
生茶酚氨比	7.06	6.84	7.03	6.35	7.68	7.42	6.43	6.54	6.67	6.33
熟茶酚氨比	9.54	10.04	10.93	11.38	9.30	11.14	9.72	10.06	9.88	10.48

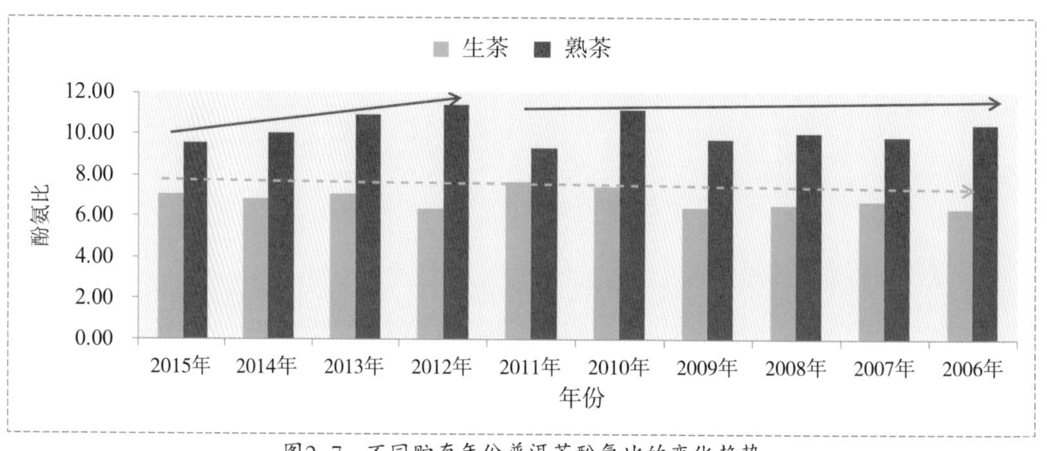

图2-7　不同贮存年份普洱茶酚氨比的变化趋势

参考文献

[1] 施维, 张若梅. 茶叶水分检测方法的实验研究[J]. 中国茶叶加工, 1996（3）：36-39.

[2] 刘本英, 周红杰, 王平盛, 等. 茶叶灰分和水分与品质关系[J]. 热带农业科技, 2007（3）：22-26.

[3] 杨昌举. 食品科学概论[M]. 北京：中国人民大学出版社, 1999：354-361.

[4] 程启坤. 茶叶品种适制性的生化指标——酚氨比[J]. 中国茶叶, 1983, 1：25.

[5] 中华人民共和国国家质量检验检疫总局, 中国国家标准化管理委员会.中华人民共和国国家标准（GB/22111—2008）地理标志产品 普洱茶.

第三章

不同贮存年份普洱茶儿茶素和没食子酸含量的变化与品质评价

儿茶素是构成茶汤苦涩、收敛性、回甘和生津的主要贡献物质。因此，明确普洱茶的贮存年份与儿茶素各组分含量变化之间的关系，对普洱茶从业人员、普洱茶爱好者和消费者正确认识普洱茶“陈”的时间概念和香、醇、回甘的品质特点，以及从生化成分的角度判断普洱茶的贮存年份具有很强的指导意义。

一、不同贮存年份普洱生茶5种主要儿茶素组分含量变化与品质评价

为确认、校对和定量不同贮存年份普洱生茶供试样中的主要儿茶素组分、咖啡碱、没食子酸的含量，著者团队利用高效液相色谱法（HPLC）对研究所涉及到的5种主要儿茶素组分、咖啡碱和没食子酸的标准品进行了色谱分析，图3-1是5种儿茶素组分、咖啡碱和没食子酸标准品的HPLC色谱图，由图可知，5种主要儿茶素组分、咖啡碱和没食子酸的分离都很好，可以开展定量分析。表3-1是10年贮存期间各年份普洱生茶中5种儿茶素组分含量变化的测定结果。图3-2是10年贮存期内，普洱生茶5种儿茶素组分含量的变化趋势。从表3-1和图3-2可知，变化最显著的是EGCG、EGC、EC、C4种主要儿茶素组份和儿茶素总量（TC），EGCG从2011年（贮存时间第5年）开始显著（$P<0.05$）下降，2006年（贮存时间第10年）与2015年（贮存时间第1年）的含量相比，下降了27.81%；EGC从2015年（贮存时间第1年）到2010年（贮存时间第6年）含量都没有显著下降，其原因可能是在长时间的贮存过程中，EGCG受贮存环境的光、温、空气湿度等影响发生降解，有部分转化成EGC（图3-3）。但是，从2009年（贮存时间第7年）开始就趋于减少，2006年（贮存时间第10年）与2015年（贮存时间第1年）的含量相比，下降了34.04%；EC和C的变化趋势与EGCG和EGC的相反，即从2015年（贮存时间

第1年）到2010年（贮存时间第6年）的贮存期间，EC和C的含量均呈增加的趋势，EC的含量到2010年（贮存时间第6年）时达到最高值，为1.68%，分别比2015年（贮存时间第1年）和2006年（贮存时间第10年）的高10.71%和16.67%，宁井铭等的研究也获得了相似的结果；C的变化规律与EC一致。儿茶素总量（TC）呈下降趋势，与2015年（贮存时间第1年）的相比，2006年（贮存时间第10年）的下降了16.07%。简单儿茶素（非酯型儿茶素）EC、EGC和C占儿茶素总量（TC）的比值在贮存时间第5年和第6年（2011年和2010年）时达到最高值，与之相反，复杂儿茶素（酯型儿茶素）EGCG的含量和儿茶素苦涩味指数（y）在贮存时间第6年（2011年）时下降到最低值（表3-2和图3-4）。由于酯型儿茶素苦涩味重，收敛性强，而简单儿茶素先苦后甘，收敛性较弱，爽口，复杂儿茶素的适量减少，有利于普洱生茶滋味爽口醇和。因此，结合上述儿茶素组分含量、儿茶素苦涩味指数（y）在10年贮存期间的变化规律和儿茶素各组分的呈味特性（参阅第一章表1-1），可以明确贮存5～6年的普洱生茶已经具备苦涩味低、回甘生津感强、滋味醇厚的内质品质特点，体现出了很高的品饮价值。另外，从各种儿茶素组分的生物利用度来考量[*26]，贮存5～6年的普洱生茶对人体的保健功效也会更强。随着贮存年份的延长儿茶素组分会呈下降趋势是因为儿茶素在一定的温度、湿热和有氧的条件下还会进行氧化聚合反应，产生橙黄色聚合物。当氨基酸、蛋白质存在时，这些氧化聚合可随机聚合形成有色物质，进而形成普洱生茶叶底黄绿的成分。再者，儿茶素氧化产物邻醌与半胱氨酸、谷胱甘肽和蛋白质中的巯基结合（图3-5），能使普洱生茶滋味变得醇和。因此，适度的贮存对改善普洱生茶外形、茶汤和叶底的色泽有利。但是，如长时间的贮存，就会在普洱生茶自身残留的茶多酚氧化酶活性、过氧化

注释

*26 化合物的生物可利用性是决定该化合物在人体中能否发挥正常活性的重要因素。根据大量的活体外和动物实验的结果，EGCG对多种人体常见病应该是活性最高的化合物，但在人体中由于化合物的结构特征使得人体对EGCG的生物可利用性很低，不能充分发挥生物活性。有研究测定了饮茶后人体对EGC、EC和EGCG 3种儿茶素的生物可利用性，3种儿茶素的可利用性分别为14%、31%和0.1%，EC和EGC的生物可利用性远大于EGCG。

氢酶活性和非酶促氧化的作用下，儿茶素组分会过多地氧化聚合，必将会导致叶底变枯黄、汤色暗黄、甚至变红，对普洱生茶的感官品质不利（参阅第十章）。

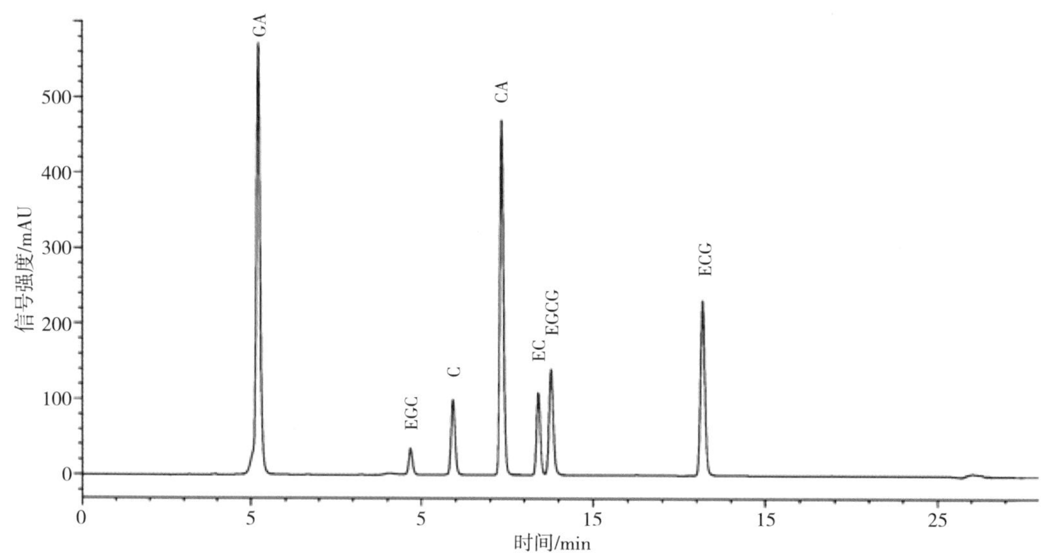

图3-1　5种主要儿茶素、没食子酸和咖啡碱标准品的HPLC色谱图

注：1. 几种成分对应的中文名称：GA：没食子酸；CA：咖啡碱；C：儿茶素；EC：表儿茶素；EGC：表没食子儿茶素；ECG：表儿茶素没食子酸酯；EGCG：表没食子儿茶素食子酸；
2. HPLC检测的色谱条件：流动相A相：0.261%磷酸~5%乙腈，流动相B相：0.261%磷酸～80%乙腈。B相从5%（0min）~34.5%（22min）；34.5%（22min）~100%（22.5min），100%（22.5～27.5min）~5%（27.8min）进行线性梯度洗脱，28min内完成，流速1mL/min，检测波长280nm，柱温40℃，进样量5μL，每一次完结后系统平衡6min后再次进样。流动相A、B均用0.45μm的滤膜过滤，分析样都经孔径0.45μm滤膜过滤后进行HPLC检测。

表3-1　不同贮存年份普洱生茶5种儿茶素组分的含量（%）

贮存年份	2015年	2014年	2013年	2012年	2011年	2010年	2009年	2008年	2007年	2006年
贮存时间	第1年	第2年	第3年	第4年	第5年	第6年	第7年	第8年	第9年	第10年
EGCG	7.12a	6.76a	6.64ab	7.00a	5.30c	5.04c	5.24c	4.86c	5.08c	5.14c
ECG	5.60b	5.66b	5.80ab	6.30a	4.94cd	5.34abc	5.48bc	4.86d	5.74ab	5.90ab
EGC	2.82a	2.54b	2.84a	2.98a	2.42c	2.48c	2.00c	2.04c	2. 04c	1.86c
EC	1.50bc	1.50bc	1. 52bc	1.58ab	1. 56ab	1.68a	1.44cd	1.22e	1.52bc	1.40cd
C	0.64bcd	0.66bc	0. 68bc	0.70b	0.62cd	0.82a	0.70b	0.58d	0.66bc	0.64bcd

注：表中英文小写字母表示Duncan's 新复极差测验SSR法在$P<0.05$水平下的差异显著性，不同字母表示差异显著，反之不显著（n=3）。

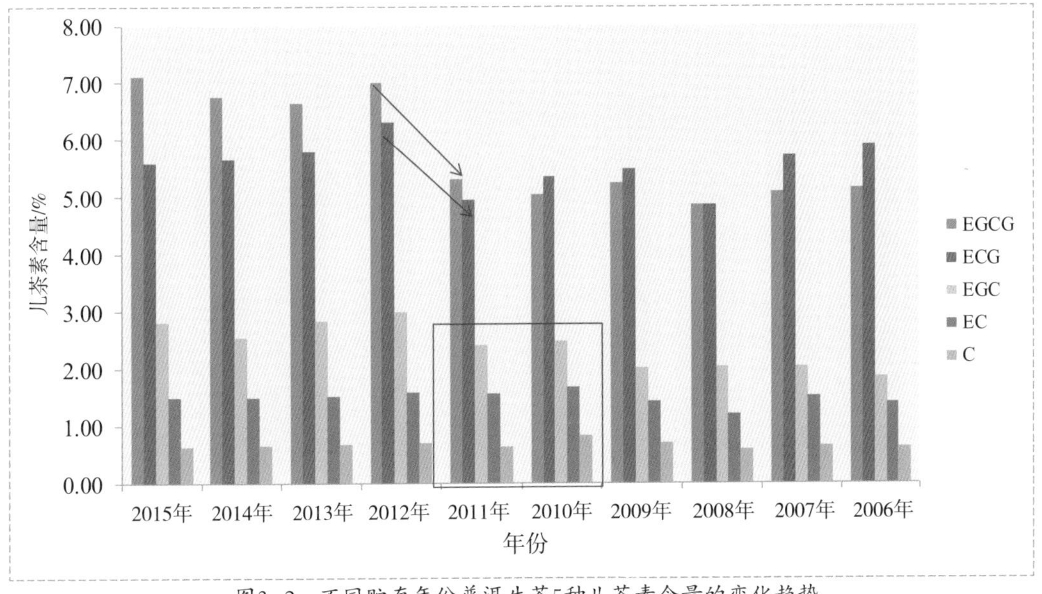

图3-2　不同贮存年份普洱生茶5种儿茶素含量的变化趋势

表没食子儿茶素没食子酸酯/EGCG
呈味特点：苦涩

表没食子儿茶素没食子酸酯/EGC
呈味特点：苦甜

没食子酸/GA

图3-3　EGCG降解生成简单儿茶素EGC的示意图

表3-2　不同贮存年份普洱生茶儿茶素各组分在儿茶素总量的占比和y值

贮存年份	贮存时间	C/TC（%）	EC/TC（%）	EGC/TC（%）	ECG/TC（%）	EGCG/TC（%）	y	TC
2015年	第1年	3.80	8.80	16.50	33.00	41.80	7.26	17.04
2014年	第2年	4.00	9.10	15.40	34.30	41.00	6.93	16.46
2013年	第3年	4.00	9.00	16.90	34.60	39.50	6.95	16.82
2012年	第4年	3.90	8.80	16.70	33.70	39.10	7.14	17.86

续表3-2

贮存年份	贮存时间	C/TC（%）	EC/TC（%）	EGC/TC（%）	ECG/TC（%）	EGCG/TC（%）	*y*	TC
2011年	第5年	4.40	11.10	17.20	35.20	37.80	5.81	14.02
2010年	第6年	5.00	11.10	15.00	32.30	30.10	5.14	16.54
2009年	第7年	4.90	10.10	14.10	38.70	37.00	5.94	14.16
2008年	第8年	4.50	9.40	15.70	37.40	37.40	6.53	12.98
2007年	第9年	4.60	10.60	14.20	39.90	35.30	5.90	14.38
2006年	第10年	4.50	9.80	13.00	41.20	35.90	6.32	14.30

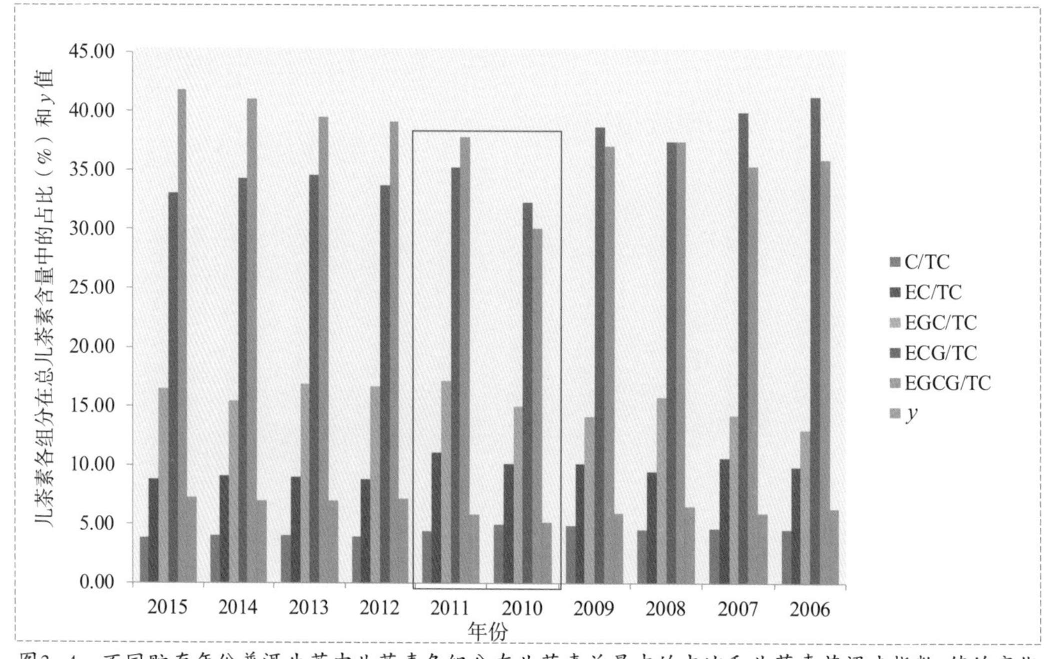

图3-4　不同贮存年份普洱生茶中儿茶素各组分在儿茶素总量中的占比和儿茶素苦涩味指数*y*值的变化

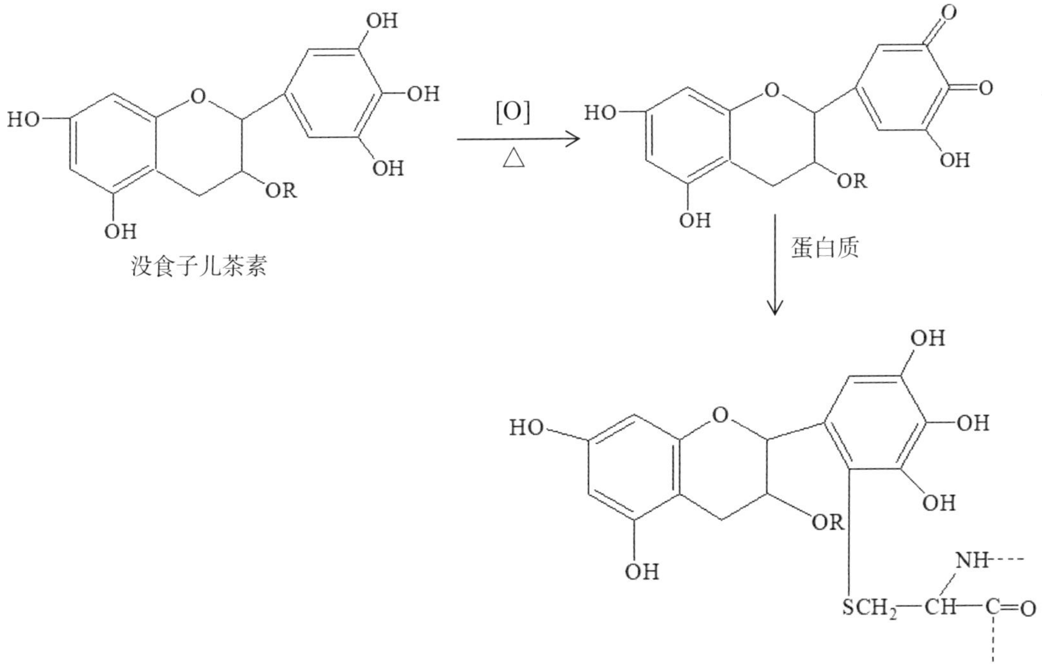

图3-5 儿茶素氧化产物邻醌与蛋白质中的巯基结合的过程

二、不同贮存年份普洱熟茶5种主要儿茶素含量的变化与品质评价

普洱熟茶属后发酵茶，在其潮水渥堆阶段，受微生物、热和酶的影响，茶多酚类物质因其分子中含有较多的酚性羟基，性质活泼，不稳定，容易发生氧化，发生水解、异构、聚合、裂解等复杂的化学变化，以至于用相同的研究方法研究普洱熟茶、普洱生茶、绿茶和红茶中的茶多酚类物质时，在普洱生茶、绿茶和红茶等茶类中众所周知的儿茶素组分在普洱熟茶中很难检查到（图3-6）。因此，编著者的团队用乙酸乙酯作为萃取溶剂（图3-7），利用高效液相色谱法（HPLC）检测乙酸乙酯萃取层中儿茶素组分的色谱峰，并对不同贮存年份中普洱熟茶5种主要儿茶素的含量进行了定量分析，结果如表3-3所示。乙酸乙酯萃取层儿茶素组分的HPLC色谱图如图3-8

所示，不同贮存年份普洱熟茶5种主要儿茶素含量的变化趋势如图3-9所示。从表3-3和图3-9可以看出，从贮存的第1年（2015年）开始，普洱熟茶的5种儿茶素组分中，简单儿茶素C、EC和EGC的含量分别为3.47%、5.61%和6.23%（因为是萃取物，含量比常规的要高），大于复杂儿茶素EGCG的含量，EGCG的含量是3.05%，结合此数据和儿茶素的呈味特性，似乎可以说明经过发酵后的普洱熟茶没有苦涩味或者苦涩味很淡的原因。因为呈苦涩味的EGCG含量较低。从普洱熟茶在整个贮存期间儿茶素的变化规律来看，随着贮存时间的延长都呈显著（$P<0.05$）下降趋势，与2015年（贮存时间第1年）的相比，2006年（贮存时间第10年）的普洱熟茶中5种主要儿茶素C、EC、EGC、ECG和EGCG的降幅分别达92.2%、90.6%、100%、87.7%和90.2%。儿茶素总量（TC）的含量也随着贮存年份的延长呈直线递减的趋势，与2015年（贮存时间第1年）的相比，2006年（贮存时间第10年）的普洱熟茶儿茶素总量（TC）减少了92.8%。根据物质不灭定律，我们认为普洱熟茶儿茶素含量的减少幅度之大，可能是受其本身很高的含水量（参阅第二章）、微生物和贮存环境温度等的影响，普洱熟茶儿茶素经微生物分泌酶的作用下会发生氧化、聚合等过程，从而转化成了红褐色的普洱茶熟茶色素所致，这一点将在第六章色差分析部分阐述；其次是部分儿茶素与氨基酸发生偶联氧化过程转化成醛类等具陈香味的挥发性物质所致（参阅第二章图2-4）。普洱熟茶儿茶素氧化形成红褐色的色素和经偶联氧化产生具陈香的挥发性物质对贮存一定年份后普洱熟茶红浓明亮茶汤品质的形成和“陈化生香”品质特点的形成有积极的影响。但是，从上述儿茶素的下降幅度也可知，作为普洱熟茶转化的基础物质儿茶素经10年贮存期后几乎已转化殆尽。因此，是否有必要无限期地贮存下去，或者说如何依据科学的理化分

析数据和感官品质，确定普洱熟茶的合理贮存年份，值得所有普洱茶从业者、爱好者、收藏家和消费者的理性思考。

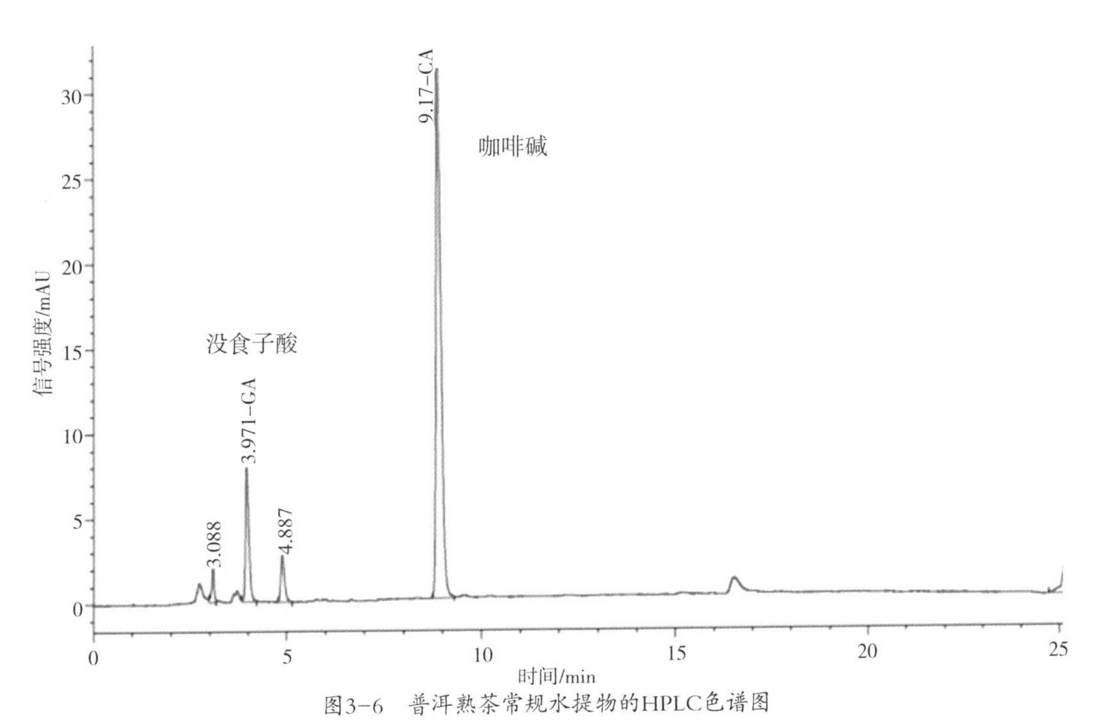

图3–6 普洱熟茶常规水提物的HPLC色谱图

注：GA：没食子酸；CA：咖啡碱。

图3–7 普洱熟茶常规水提物的乙酸乙酯萃取过程

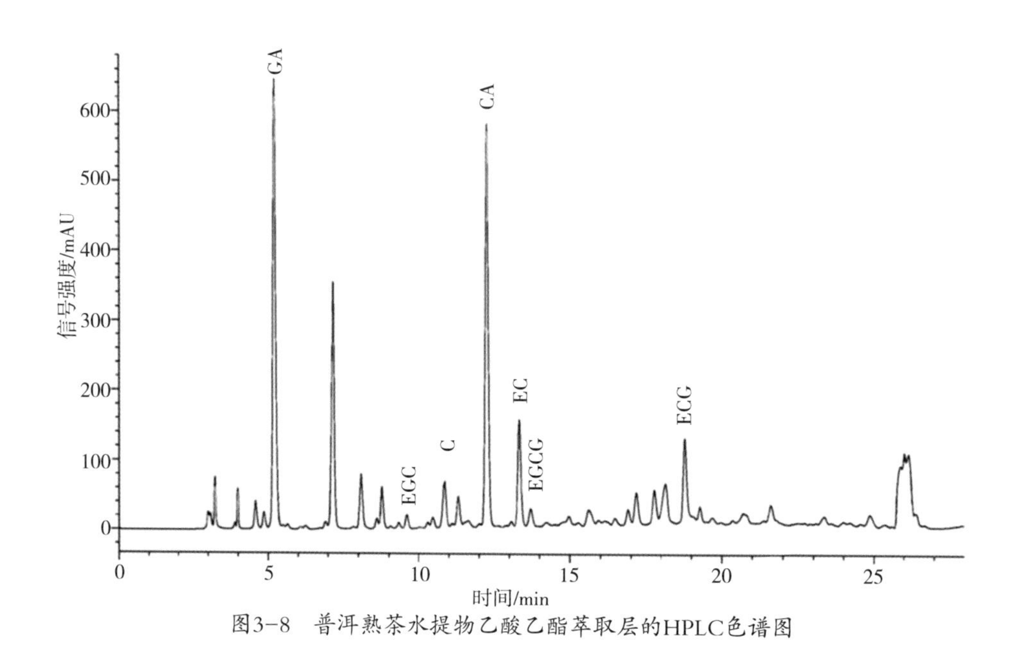

图3-8 普洱熟茶水提物乙酸乙酯萃取层的HPLC色谱图

表3-3 不同贮存年份普洱熟茶乙酸乙酯萃取层中5种儿茶素含量和儿茶素总量

贮存年份	贮存时间	EGCG（%）	ECG（%）	EGC（%）	EC（%）	C（%）	TC（%）
2015年	第1年	3.05a	4.24a	6.23a	5.61ab	3.47a	22.61a
2014年	第2年	1.86b	3.49a	3.76c	3.88bcd	2.95b	15.94b
2013年	第3年	0.94c	3.75a	5.77a	3.04d	2.03c	15.52b
2012年	第4年	1.86b	4.17a	3.95c	4.86bc	3.53a	18.36c
2011年	第5年	0.85c	1.57bc	1.37d	4.14bcd	1.74cd	9.67d
2010年	第6年	1.82b	2.32b	1.27d	3.81cd	1.50d	10.72d
2009年	第7年	0.87c	1.13c	1.12d	3.20d	1.01e	7.33e
2008年	第8年	0.83c	1.64c	1.02d	2.43e	1.00e	6.92e
2007年	第9年	0.64d	1.10c	0.56e	1.07f	0.54f	3.91f
2006年	第10年	0.30e	0.52d	0.00f	0.53g	0.27f	1.62g

注：1. 表中英文小写字母表示Duncan’s 新复极差测验SSR法在$P<0.05$水平下的差异显著性，不同字母表示差异显著，反之不显著（n=3）；2. 因为是乙酸乙酯萃取物，浓度高，所以含量偏高。

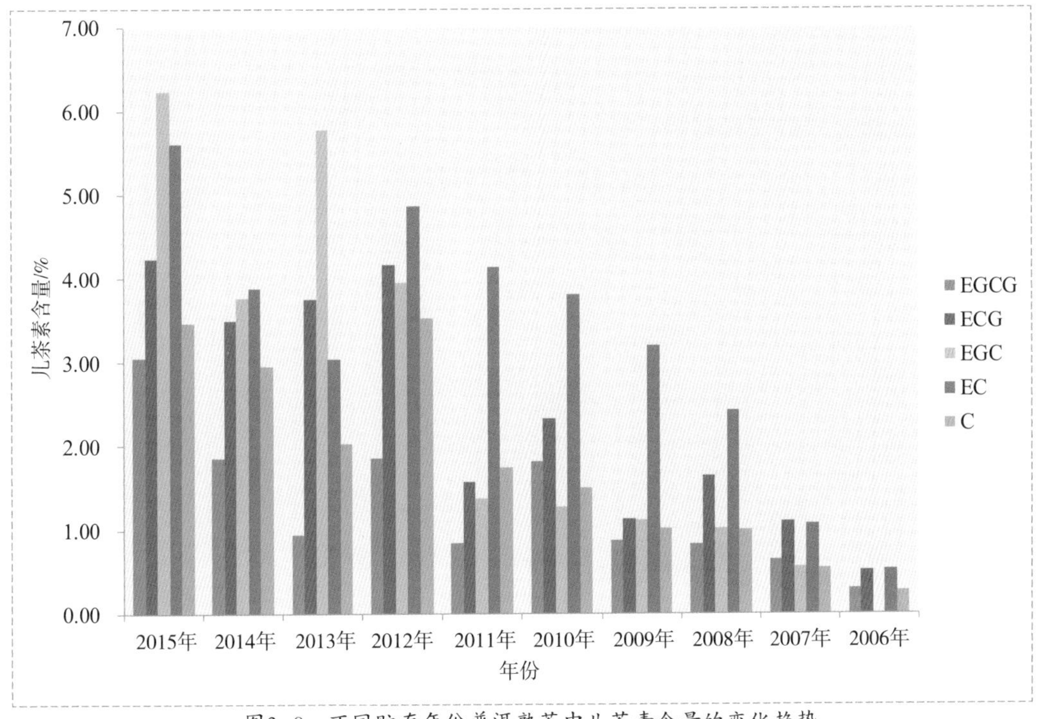

图3-9 不同贮存年份普洱熟茶中儿茶素含量的变化趋势

三、不同贮存年份普洱熟茶没食子酸含量的变化与品质评价

没食子酸（gallicacid，GA）是水解单宁的组成部分，又称五倍子酸，化学名是3,4,5-三羟基苯甲酸。没食子酸是传统中药的常见成分，广泛存在于五倍子、葡萄、茶叶、飞扬草、铁苋菜、柿蒂、辣蓼、山茱萸、叶下珠、地稔、石榴等植物中，在藏药材诃子、毛诃子、余甘子、红景天等中含量丰富，没食子酸作为多酚类物质，具有较强的抗氧化、抗自由基作用。有研究表明，绿茶中的没食子酸含量与其品质等级呈显著的正相关，普洱熟茶中没食子酸含量可高达9.01mg/g，其比任何一种茶类都要高，甚至还比一些植物中药材要高，从这种意义上来看，我们认为没食子酸是普洱熟茶的重要生理活性成

分之一，也可以作为普洱熟茶的特征性成分来看待。著者团队的研究结果表明，没食子酸含量在10年的贮存期间，随着年份的延长呈现显著下降的变化趋势（$P<0.05$），但是，贮存时间第6年（2010年）、第7年（2009年）时，没食子酸含量会呈突然升高的趋势，然后继续下降，贮存时间第10年（2006年）时又会降到最低值（表3-4，图3-10）。造成这一现象的原因可能是在贮存的前期（贮存时间第6年、第7年时）儿茶素在微生物的作用下分解氧化生成其他物质的同时，含有没食子酰基的酯型儿茶素，如EGCG以及水解单宁类经生物降解产生没食子酸（图3-11）；到了后期，由于没食子酸作为多羟基化合物，化学性质活泼，与其他酚性成分发生氧化聚合反应导致其含量降低。从这一结果看，要保证普洱熟茶的品质和发挥最好的保健功能，无限期地贮存普洱熟茶未必是好的选择。

表3-4　不同贮存年份普洱熟茶没食子酸含量（mg/g）

贮存年份	2015年	2014年	2013年	2012年	2011年	2010年	2009年	2008年	2007年	2006年
贮存时间	第1年	第2年	第3年	第4年	第5年	第6年	第7年	第8年	第9年	第10年
没食子酸含量	1.90a	1.60ab	2.00a	1.20b	3.40c	5.50d	5.30d	4.50e	1.70a	1.50ab

注：表中英文小写字母表示Duncan's 新复极差测验SSR法在$P<0.05$水平下的差异显著性，不同字母表示差异显著，反之不显著（n=3）。

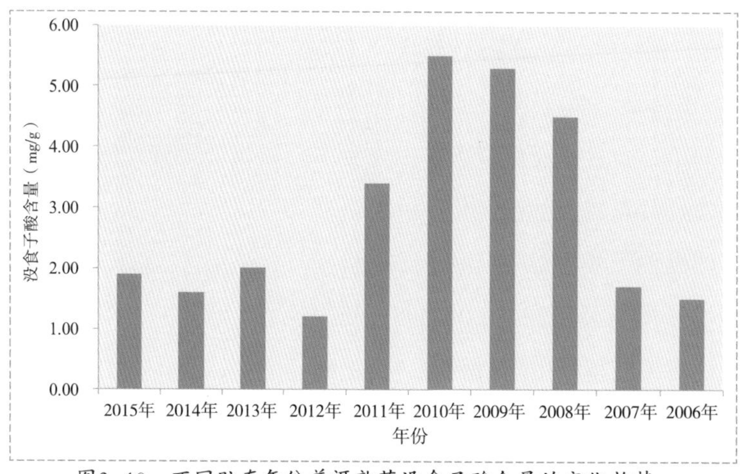

图3-10　不同贮存年份普洱熟茶没食子酸含量的变化趋势

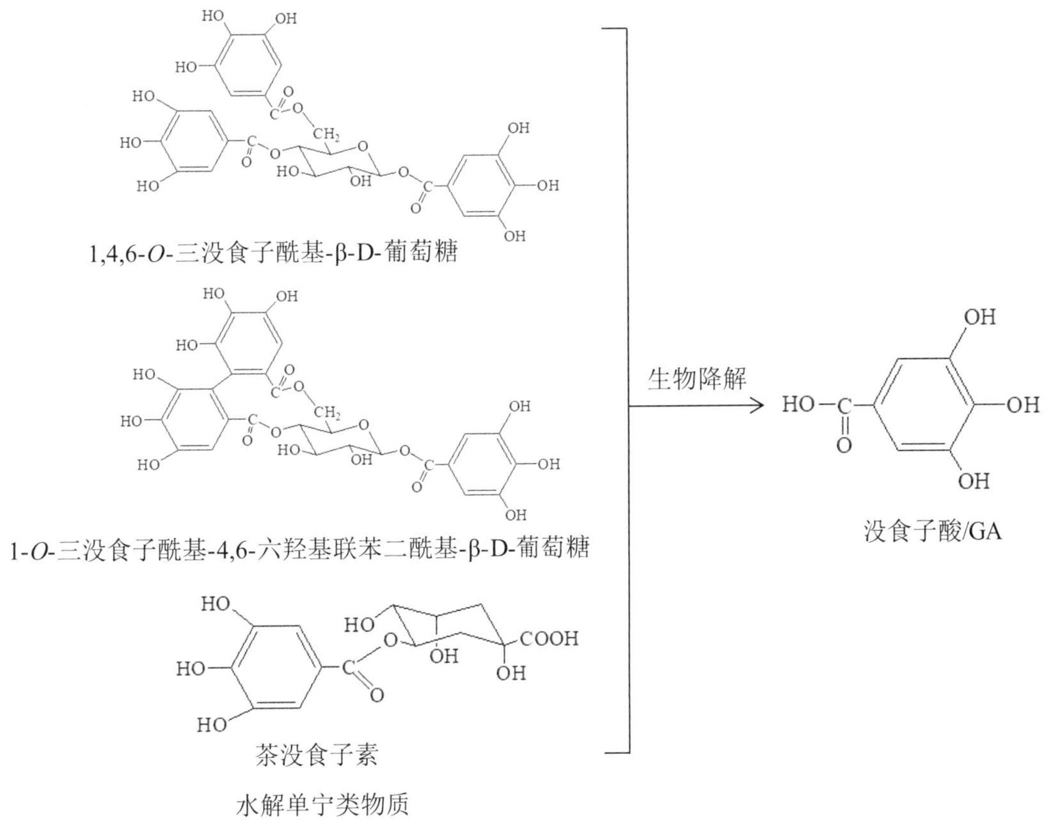

1,4,6-*O*-三没食子酰基-β-D-葡萄糖

1-*O*-三没食子酰基-4,6-六羟基联苯二酰基-β-D-葡萄糖

茶没食子素

水解单宁类物质

生物降解

没食子酸/GA

图3−11 普洱熟茶贮存前期没食子酸含量增加的可能途径

参考文献

[1] 宁井铭, 许姗姗, 侯智炜, 等. 贮存环境对普洱生茶主要化学成分变化的影响[J]. 食品科学, 2019, 40（8）：218-224.

[2] 李家华, 倪婷婷, 张光辉, 等.普洱熟茶发酵过程中多酚、咖啡碱以及茶色素的变化研究[J]. 天然产物研究与开发, 2014, 26：56-59, 109.

[3] 郭炳莹, 阮宇成, 程启坤. 没食子酸与绿茶品质的关系[J]. 茶叶科学, 1990, l0（1）：41-43.

[4] 吕海鹏, 林智, 谷记平, 等. 普洱茶中的没食子酸研究[J]. 茶叶科学, 2007, 27（2）：104-110.

第四章

不同贮存年份普洱茶黄酮类化合物含量的变化与品质评价

黄酮类化合物（Flavone，也称花黄素），简而言之就是黄酮醇及其苷类物质。黄酮醇及其苷类物质多为亮黄色结晶，对绿茶和普洱生茶的汤色有较大影响。对茶叶滋味品质而言，黄酮苷类呈柔和感涩味（干燥的口感），且阈值极低，仅为儿茶素EGCG的十九万分之一，是茶叶的主要涩味物质。黄酮苷类脱去糖苷配基变成黄酮或黄酮醇，在一定程度上可以降低黄酮苷类物质的苦味，利于改善茶叶滋味品质。

一、不同贮存年份普洱生茶黄酮醇及其苷类物质含量变化与品质评价

图4–1是茶叶中3种主要黄酮醇类物质杨梅素、槲皮素和山奈酚标准品的高效液相（HPLC）色谱图。图4–2是2006年（贮存时间第10年）的普洱生茶供试茶样中的杨梅素、槲皮素和山奈酚HPLC色谱图。表4–1是不同贮存年份普洱生茶3种黄酮醇类化合物含量和黄酮总量，图4–3是不同贮存年份普洱生茶中3种黄酮醇类化合物及黄酮总量的变化趋势。从表4–1和图4–3可以看出，在2015—2006年10年的贮存期间，3种黄酮醇类化合物含量及黄酮总量*27变化比较明显地分成了两个阶段，即在贮存时间相对较短的初期的2015—2011年（贮存时间第1年至第5年）其含量变化相对平稳，但是到了贮存的后期，其含量呈现出显著（$P<0.05$）递增的趋势。如：杨梅素在2015—2009年（贮存时间第1年至第7年）的茶样中其含量没有显著差异，但是从2008年（贮存时间第8年）开始，含量出现了显著（$P<0.05$）的增加趋势，2006年（贮存时间第10年）的普洱生茶中的含量达到最高值，为3.19mg/g，从表4–1和图4–3还可知，槲皮素是3种黄酮醇类化合物中含量最高的，其含量的变化与贮存年份呈正相关。在2010—2006年的贮存期间，槲皮素含量随贮存年份的延长，含量呈显著（$P<0.05$）增加，到第10年的2006年（贮

注释

*27 计算公式：$\omega=(\omega_a+\omega_b+\omega_c)\times2.51$。式中，$\omega$为供试样中黄酮苷总量，单位为mg/g；2.51为苷元折算为黄酮醇苷元总量的系数。

存时间第10年），普洱生茶中含量达到10.17mg/g，是2015年（贮存时间第1年）普洱生茶中含量的4.48倍；山奈酚含量的变化趋势与杨梅素和槲皮素一致，即贮存初期2015—2011年（贮存时间第1年至第5年）变化相对平稳，但到了后期呈显著递增的趋势。上述黄酮醇类化合物含量增加的原因可能是在普洱生茶贮存过程中，黄酮苷类化合物受糖苷水解酶、水分、氧气、温度等条件的影响，发生了去糖基化的修饰过程，脱去糖苷配基（糖体）形成黄酮醇类物质（苷元）（图4–4）。由于黄酮苷类的水溶液具有苦味，水解成苷元和糖苷后苦味会消失，因此，黄酮苷类物质的降解和黄酮醇类物质的增加，在感官品质上必然会带来随着贮存年份的延长普洱生茶的收敛性和粗涩感逐步减弱，而醇、厚、甘、滑的普洱生茶陈茶的特点会更加突显。另外，随着贮存年份的延长普洱生茶茶汤色泽整体会呈黄绿—黄绿明亮—黄亮—绿黄尚亮的变化趋势，对说明普洱生茶的年份也有积极的影响（参阅第九章审评部分的内容）。

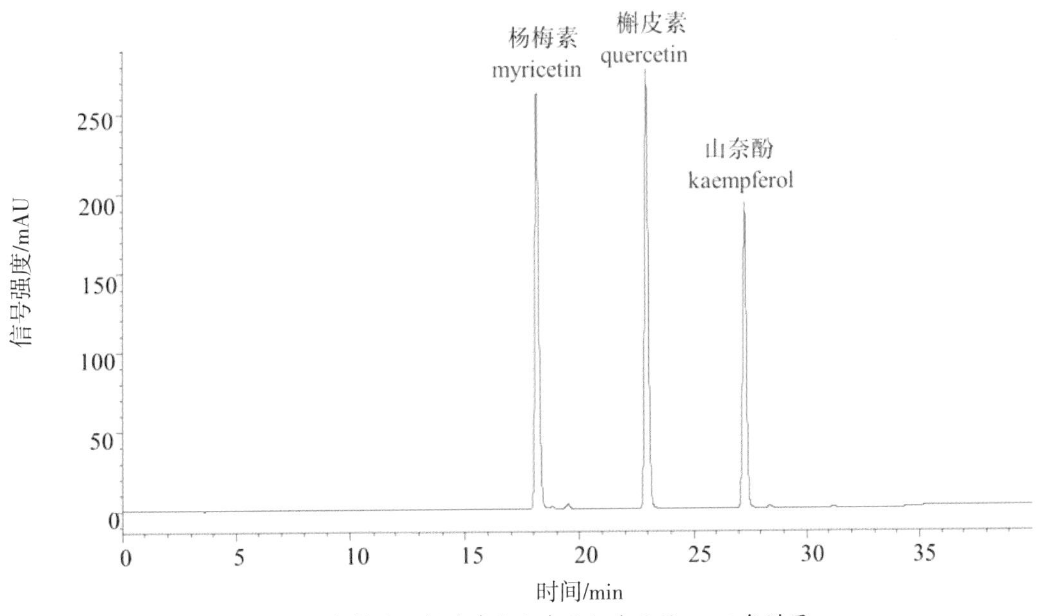

图4–1　杨梅素、槲皮素和山奈酚标准品的HPLC色谱图

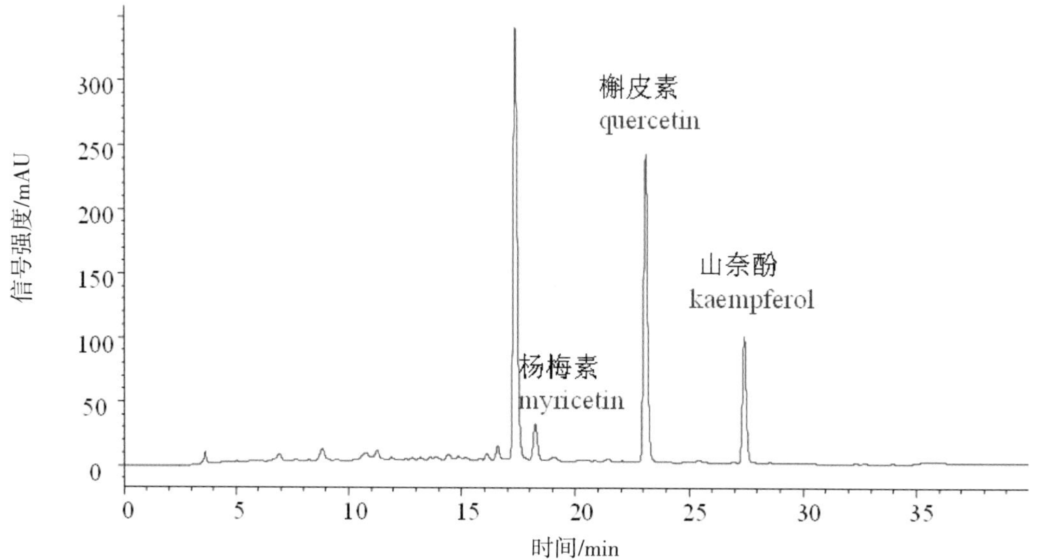

图4-2 2006年的普洱生茶供试茶样中杨梅素、槲皮素和山奈酚HPLC色谱图

注：黄酮醇类化合物HPLC检测的色谱条件：流动相A相：0.2%磷酸水溶液；流动相B相：80%甲醇水溶液，洗脱梯度从40%B到90%B，流速0.8mL/min，40min内完成，检测波长360nm；柱温40℃；进样量10μL；每一次完结后系统平衡7min后再次进样。流动相A、B均用0.45μm的滤膜过滤，分析样都经孔径0.45μm滤膜过滤后进行HPLC检测。

表4-1 不同贮存年份普洱生茶3种黄酮醇类化合物和黄酮总量（mg/g）

贮存年份	贮存时间	杨梅素	槲皮素	山奈酚	黄酮总量
2015年	第1年	0.85d	2.27e	2.00d	12.87g
2014年	第2年	1.22c	3.35de	2.62cd	14.73fg
2013年	第3年	0.93d	2.97de	2.52cd	14.43fg
2012年	第4年	0.87d	2.20e	2.32cd	14.18fg
2011年	第5年	0.95cd	2.40e	2.91cd	15.69f
2010年	第6年	1.11cd	4.82c	3.18c	22.87d
2009年	第7年	0.94d	3.98cd	3.08c	20.05e
2008年	第8年	1.36e	8.16b	6.95ab	39.82c
2007年	第9年	2.62b	8.22b	6.29b	43.00b
2006年	第10年	3.19a	10.17a	7.35a	51.99a

注：表中英文小写字母表示Duncan's 新复极差测验SSR法在$P<0.05$水平下的差异显著性，不同字母表示差异显著，反之不显著（$n=3$）。

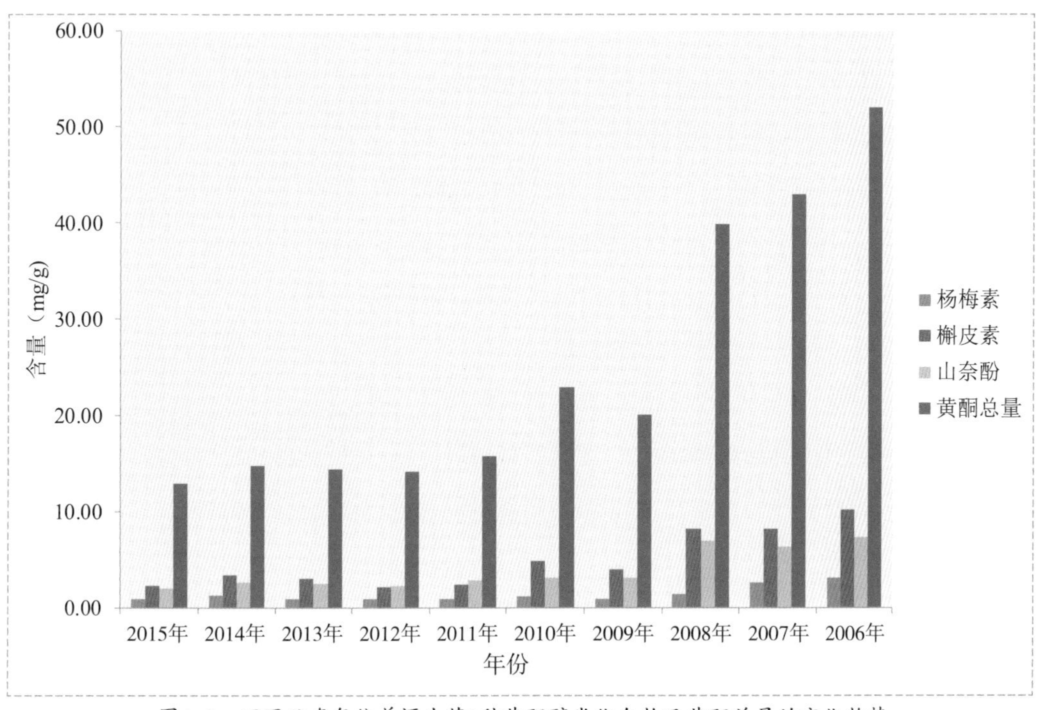

图4–3　不同贮存年份普洱生茶3种黄酮醇类化合物及黄酮总量的变化趋势

杨梅素-3-O-β-D-葡萄糖苷（强烈的苦涩味）

杨梅素（苦涩味弱）

葡萄糖

图4–4　黄酮苷类化合物水解去糖苷产生苷元途径

二、不同贮存年份普洱生茶聚类分析及年份鉴别

当前，普洱茶的年份鉴别仍然是一个困扰普洱茶界的难题。基于此，著者的研究团队以不同贮存年份普洱生茶中杨梅素、槲皮素和山奈酚3种黄酮醇类化合物和黄酮总量的数据为

基础，通过聚类分析进行了年份鉴别的可行性研究，研究结果如图4-5的聚类热图所示。从图可以看出，不同贮存年份的10个普洱生茶供试样可以聚为A、B两大类群，A类群包括2006—2008年的3份茶样，B类群包括2009—2015年的7份茶样。3种黄酮醇类化合物含量和黄酮总量对聚类结果的贡献度依次为杨梅素>槲皮素>黄酮总量>山奈酚。由此可推测，不同年份普洱生茶中黄酮醇类化合物的含量作为普洱生茶年份鉴别的指标是可行的。在聚类热图中，每一列代表一种黄酮醇类物质，颜色从蓝色到红色表示物质在样品中的含量由低到高，反映出黄酮醇类化合物的含量在不同年份普洱生茶中含量的差异。

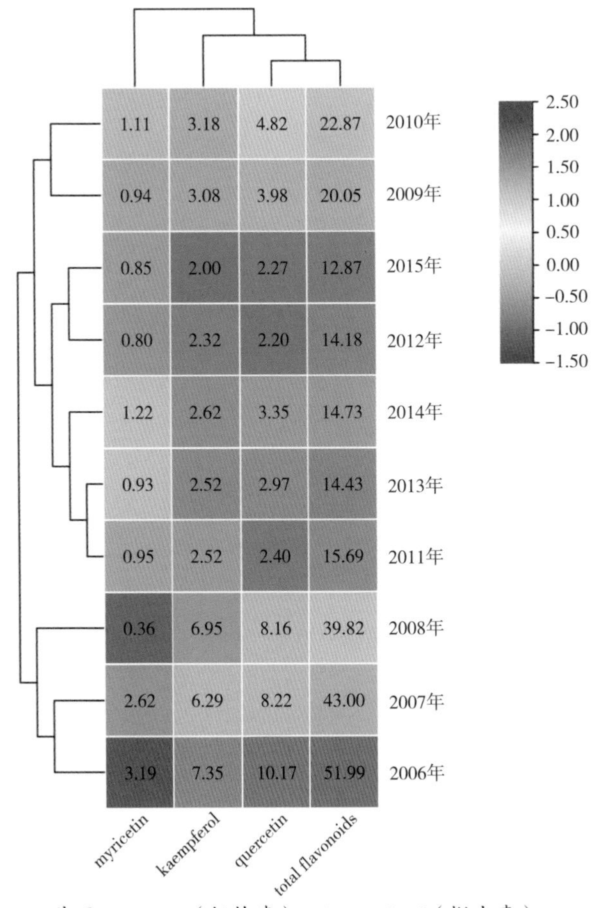

图4-5 基于myricetin（杨梅素）、kaempferol（槲皮素）、quercetin（槲皮素）山奈酚含量和total flavonoids（黄酮总量）的不同贮存年份普洱生茶的聚类热图

三、不同贮存年份普洱熟茶黄酮醇及其苷类物质含量变化与品质评价

由于普洱熟茶经长时间的渥堆发酵，前人和著者研究团队的研究结果都表明，成品普洱熟茶中黄酮类物质的含量已经极少，其原因可能是在普洱熟茶加工的发酵过程中，作为多酚类物质的重要组成部分，黄酮类物质也会发生氧化、聚合等反应，形成高分子的多酚类聚合物，这一点从图4-6中可略知一二。所以，本节只对2015年（贮存时间第1年）和2006年（贮存时间第10年）的普洱熟茶的黄酮类物质含量变化作了比较，结果如图4-7所示。从图可知，除槲皮素外，杨梅素、山奈酚和黄酮总量与2015年的相比都显著（$P<0.05$）增加，其中杨梅素的含量增加了73.17%，山奈酚和黄酮总量分别增加了15.79%和28.69%。

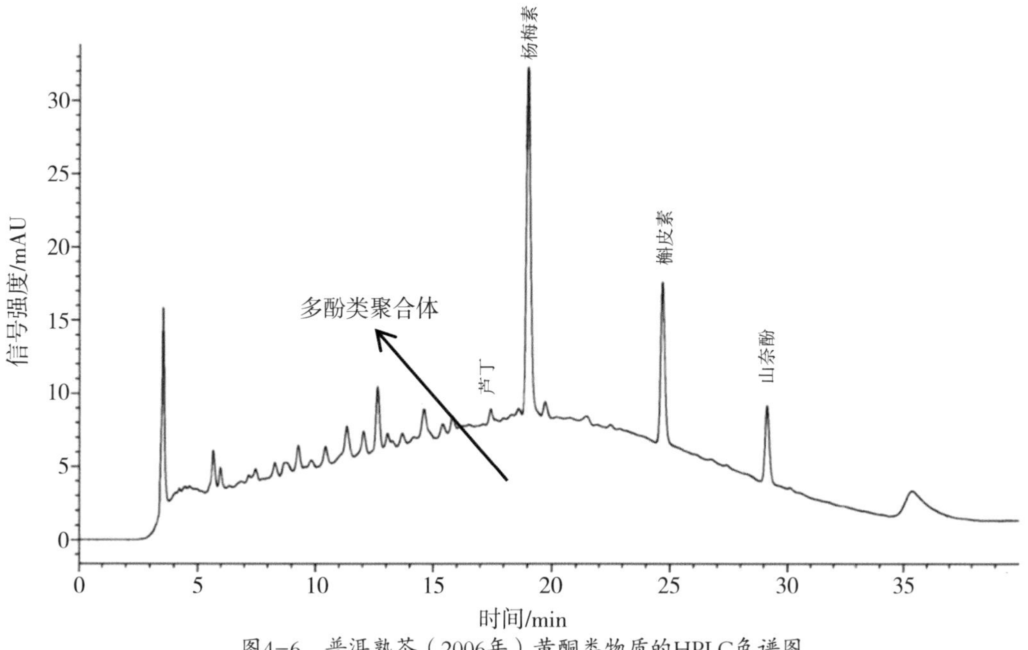

图4-6 普洱熟茶（2006年）黄酮类物质的HPLC色谱图

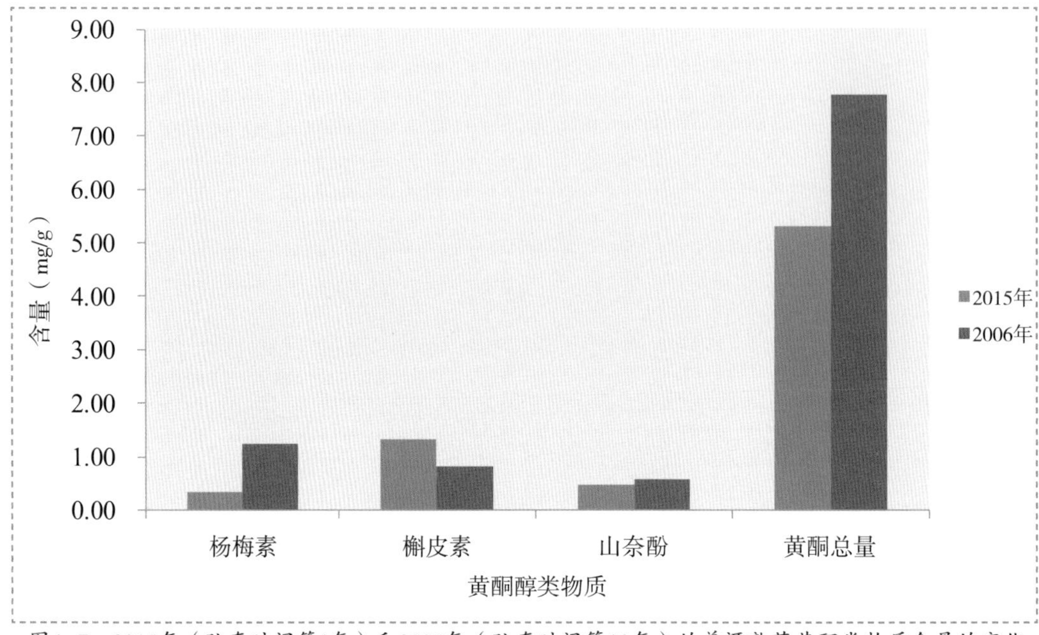

图4-7　2015年（贮存时间第1年）和2006年（贮存时间第10年）的普洱熟茶黄酮类物质含量的变化

参考文献

Lu Chi-hua,Lucysh.Polyphenol contents of Pu-Erh Teas and Their Abilities to Inhibit Cholesterol Biosynthesis in HepG2 Cell Line[J]. Food Chemistry,2008（111）:67-71.

第五章

不同贮存年份普洱茶茶多糖含量的变化与品质评价

茶多糖（Tea Polysaccharide，TPS）是一类存在于茶叶中并与蛋白质结合在一起的水溶性的酸性多糖或酸性糖蛋白。茶多糖主要是由淀粉、果胶素、纤维素、半纤维素等化合物组成的一类具有生物活性的复合多糖。许多研究表明，普洱茶茶多糖具有多种保健作用，如预防和治疗心血管疾病，降血脂，增加冠状动脉血流量等，尤其是其免疫活性和降血脂功效，使茶多糖有望成为防治糖尿病、心血管疾病的天然药物，茶多糖也常用于食品、医疗、保健等领域。茶多糖同时也是普洱茶重要的内含物质之一，其含量的多少在一定程度上影响着普洱茶的滋味与香气特点。为了解贮存年份与茶多糖含量变化之间的关系，著者的研究团队利用水提醇沉和蒽酮–硫酸比色法，提取和测定了不同贮存年份普洱茶茶多糖含量的变化。结果如表5–1和图5–1所示。从表5–1和图5–1可知，普洱生茶和熟茶的茶多糖含量基本相同，在整个10年的贮存期间其变化规律也基本一致，表现出随着贮存年份的延长，含量都呈先增加后减少的趋势，即从贮存时间第1年（2015年）到第8年（2008年）无论是生茶还是熟茶都呈显著（$P<0.05$）递增的趋势，贮存时间到第7年（2009年）时达到最高值，之后又趋于下降，贮存时间第10年（2006年）和第1年（2015年）的含量相同。现有的研究结果认为，在茶多糖中，水溶性果胶对茶叶品质的影响最大，茶汤的甘甜、黏稠度和浓度与之息息相关。因此，为将茶多糖对茶叶品质和功能的正面影响发挥最大化，我们认为普洱茶贮存年份控制在5～8年最好。

表5–1　不同贮存年份普洱茶茶多糖含量的变化（%）

贮存年份	2015年	2014年	2013年	2012年	2011年	2010年	2009年	2008年	2007年	2006年
贮存时间	第1年	第2年	第3年	第4年	第5年	第6年	第7年	第8年	第9年	第10年
普洱生茶茶多糖	1.38d	1.40d	1.54b	1.50c	1.52bc	1.51bc	1.56a	1.52bc	1.40d	1.38d
普洱熟茶茶多糖	1.34f	1.38e	1.35f	1.41d	1.61a	1.55b	1.61a	1.59a	1.47c	1.33f

注：表中英文小写字母表示Duncan's 新复极差测验SSR法在$P<0.05$水平下的差异显著性，不同字母表示差异显著，反之不显著（n=3）。

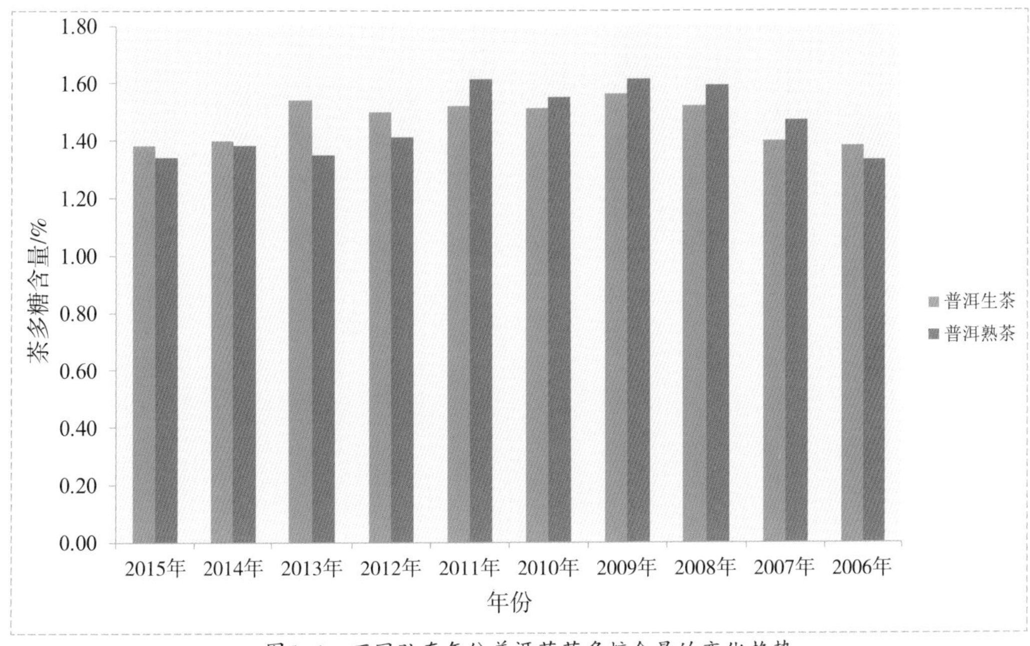

图5-1 不同贮存年份普洱茶茶多糖含量的变化趋势

参考文献

王黎明, 夏文水.水法提取茶多糖工艺条件优化[J].食品科学, 2005, 26（5）:171-174.

第六章

不同贮存年份普洱熟茶色泽的变化与品质评价

由于普洱熟茶是在高温、高湿的环境，以及在微生物的参与下，经长时间（一般是7周）渥堆发酵制成的后发酵茶，在发酵过程中茶叶的外形色泽由绿或者黄绿转变成褐红，内质汤色也变为红褐，叶底也会变成褐红。但是上述外形、内质的品质特点在普洱熟茶的后期存放过程中变化不明显，给通过感官审评评判其品质变化带来了一定的困难。同时，由于感官审评受审评人员主观因素的影响较大，会对茶叶品质科学评价造成较大的人为误差，因此，评价茶叶色泽的最佳方法是采用色差量化指标。即使用色差仪及自带的L*、a*、b*表色系测定干茶、茶汤以及叶底的色泽量化分析，使茶叶色泽分析从主要以感官审评为主的定性描述转为定量表征描述，不仅能提高效率，也能降低感官审评带来的人为误差。著者的研究团队使用色差仪将普洱熟茶色泽分析从感官审评的定性描述转为定量表征，准确定位样本的具体颜色，探讨了不同贮存年份普洱熟茶色泽的变化，为消费者合理、正确选择普洱熟茶产品和合理制定贮存年份提供了一定的理论依据。为了让读者对本章的研究结果有一定的了解和科学的认知，本章对普洱熟茶色泽的研究手段、方法和在茶叶品质评价中的应用现状做一简单介绍。

一、色差仪的原理与应用

色泽是茶叶品质的重要评价指标之一，在感官审评中，干茶色泽、茶汤色泽和叶底色泽占八项感官品质因子的三项，是茶叶综合品质的重要组成部分。目前关于茶叶色泽评价方法主要是感官审评，但由于感官审评专业性较强，要求操作人员具备一定的实践经验，同时又由于在操作过程中，环境和人为因素会对审评结果产生较大影响，对正确评价茶叶色泽会带来一定的制约。色差仪是一种光电积分测色仪，主要原理是参照CIE-Lab色空间（图6-1），利用仪器内的标准光源对被测物体进行照射，建立直观详尽的色差分析报告，实现色泽的控制和管理。CIE-Lab色空间是以L值表示颜色的明度、a值表示颜色的绿红值、b值表示颜色的蓝黄值。色差值ΔE是色度坐标系中样品颜色与标准样品颜色之间的差值，L*表示明亮度；a*表示红绿色度；b*表示黄蓝色度。对两个颜色进行比较时，可以通过Lab差值来判断两个样本之间的颜色差别。因此，通过使用Lab色空间，可以实现生产中的数据化操作，降低了感官误差。

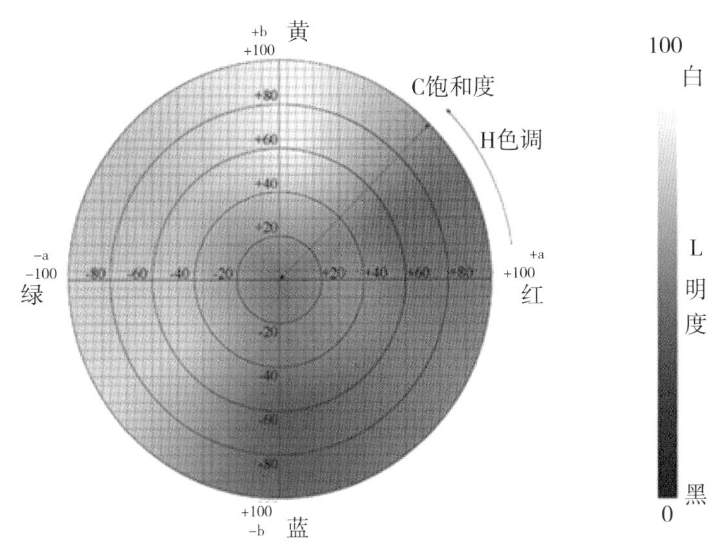

图6-1 CIE-Lab彩度坐标图（图片引自网络）

色差分析法最开始用于茶叶品质鉴定是在20世纪70年代的日本，应用亨特的Lab表色系原理，以标准C光源和1°～4°小视场来测量颜色的3个分量L*（明亮度）、a*（绿度、红度）、b*（黄度）。

目前，茶叶色差的研究绝大多数集中在色泽与品质的关系或者测色技术在茶叶品质评价中的应用，主要表现为对绿茶干茶、茶汤及茶粉颜色的研究。李立祥等采用色差分析和感官审评的方法对绿茶汤色进行分析，色差分析结果显示绿茶汤色各组间L*、a*、b*均具有较好的一致性，也存在着差异；但绿茶汤色各组间色差衍生指标a*、b*具有高度一致性，并认为色差分析排除了茶叶取样和冲泡的影响，可作为茶叶汤色评定的衡量方法。赖凌凌等认为在同类型绿茶中，其汤色品质的高低能够更为准确和客观地用色度值来衡量。赖国亮等研究结果表明，炒青绿茶的干茶色泽、茶粉色泽、茶汤色泽与品质的相关系数分别为0.8708、0.9369、0.7662，均具有高度的相关性。李云飞等研究了绿茶储藏汤色色泽与其主要化学物质的相关性，结果表明，杨梅素葡萄糖苷、杨梅素半乳糖苷与茶汤“L值”“a值”“a/b值”均呈极显著相关。

二、不同贮存年份普洱熟茶色泽的变化与品质评价

图6-2是干茶、茶汤以及叶底的色差值（ΔE值）。表6-1是10个不同贮存年份普洱熟茶干茶、茶汤和叶底的L*、a*、b*值。L*为明度，从大到小由白向黑渐变。从总体来看，随着贮存时间的延长，普洱熟茶干茶、茶汤、叶底的亮度值均呈先减小后增加的趋势，且差异显著（$P<0.05$），贮存中期有所波动；a*为红绿色度指标，正值偏红，负值偏绿，各待测样本均为正值，即：各待测样本偏红，随着贮存年份的延长，普洱熟茶红度值呈先减小后增加的趋势，且差异显著（$P<0.05$）；b*为黄蓝色度指标，正值偏黄色，负值偏蓝色，普洱熟茶均为正数，说明不同贮存年份普洱熟茶均偏黄色，且随着贮存时间的延长，干茶b*值呈先减小后增加的趋势，茶汤、叶底呈先增加后减小的趋势，且差异显著（$P<0.05$）。随着贮存时间的延长，干茶、叶底各色度值变化幅度均较大，茶汤各色度值较稳定，变化幅度较小。总体来看，10个年份普洱熟茶的干茶、茶汤，以及叶底的L*、a*、b*值均随贮存时间的延长呈先减小后增加的变化趋势，且差异显著（$P<0.05$），干

表6-1 不同贮存年份普洱熟茶干茶、茶汤和叶底的L*、a*、b*值

贮存年份	干茶			茶汤			叶底		
	L*	a*	b*	L*	a*	b*	L*	a*	b*
2015年	39.927 ± 0.104d	1.443 ± 0.006c	3.180 ± 0.010b	25.913 ± 0.006b	0.473 ± 0.025d	0.157 ± 0.006d	38.380 ± 0.080b	0.813 ± 0.015e	0.553 ± 0.012g
2014年	40.100 ± 0.056b	1.640 ± 0.010a	3.137 ± 0.032c	25.703 ± 0.006f	0.637 ± 0.011a	0.290 ± 0.000a	35.360 ± 0.060f	0.467 ± 0.015g	0.980 ± 0.017d
2013年	37.247 ± 0.089g	0.700 ± 0.010i	1.840 ± 0.017h	25.820 ± 0.000d	0.520 ± 0.017c	0.187 ± 0.011c	35.887 ± 0.063e	0.370 ± 0.010h	0.960 ± 0.036d
2012年	38.337 ± 0.025e	0.863 ± 0.015fg	1.903 ± 0.021g	25.873 ± 0.006c	0.403 ± 0.011e	0.147 ± 0.011d	37.300 ± 0.246d	0.963 ± 0.040bc	1.047 ± 0.011bc
2011年	35.183 ± 0.248i	0.927 ± 0.006e	2.407 ± 0.006e	25.717 ± 0.006e	0.580 ± 0.020b	0.277 ± 0.015a	37.923 ± 0.179c	0.940 ± 0.010c	1.163 ± 0.015a
2010年	36.227 ± 0.127h	0.877 ± 0.006f	2.447 ± 0.015de	25.877 ± 0.006c	0.460 ± 0.020d	0.133 ± 0.006d	37.707 ± 0.045c	0.867 ± 0.011d	1.073 ± 0.006b
2009年	39.360 ± 0.020c	0.853 ± 0.006g	1.637 ± 0.015i	25.933 ± 0.006a	0.563 ± 0.015b	0.067 ± 0.006e	38.717 ± 0.015a	1.063 ± 0.031a	0.660 ± 0.010e
2008年	38.223 ± 0.021f	0.753 ± 0.015h	2.137 ± 0.015f	25.690 ± 0.000g	0.400 ± 0.021f	0.213 ± 0.006b	37.657 ± 0.025c	1.003 ± 0.006b	0.607 ± 0.011f
2007年	39.517 ± 0.214c	0.997 ± 0.012d	2.487 ± 0.047d	25.650 ± 0.000h	0.517 ± 0.015c	0.283 ± 0.015a	37.110 ± 0.343d	0.573 ± 0.042f	1.013 ± 0.074cd
2006年	40.817 ± 0.055a	1.563 ± 0.006b	3.383 ± 0.031a	25.907 ± 0.153b	0.533 ± 0.006c	0.153 ± 0.015d	37.300 ± 0.050d	1.0833 ± 0.021a	0.693 ± 0.025e

注：表中英文小写字母表示Duncan's 新复极差测验SSR法在$P<0.05$水平下的差异显著性，不同字母表示差异显著，反之不显著（n=3）。

茶色差变化幅度较大，叶底次之，茶汤色差变化幅度较小。从10个年份的普洱熟茶的整体色泽变化来看，2006年（贮存时间第10年）到2009年（贮存时间第7年）的普洱熟茶的明亮度、红度、黄度较佳，即普洱熟茶贮存7年到10年时间，色泽会达到最佳（参阅第九章感官品质）。

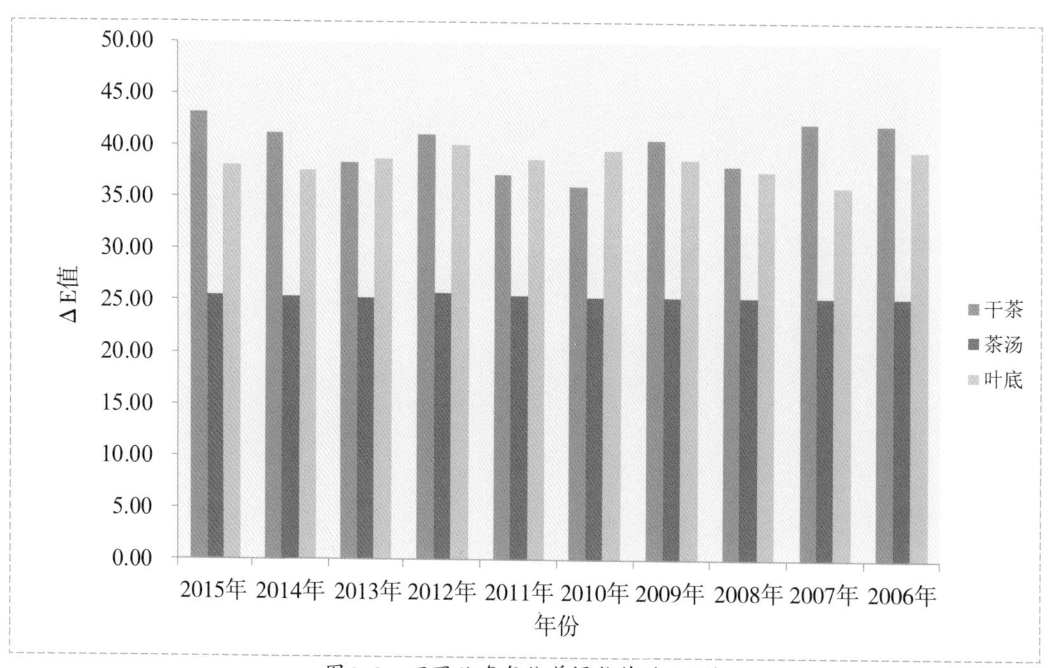

图6-2 不同贮存年份普洱熟茶的ΔE值

参考文献

[1] TADAKAZU T, TOMOKI U, HITOSHI K, et al. The chemical properties and functional effects of polysaccharides dissolved in green tea infusion[J]. Nippon Shokuhin Kagaku Kai-sh, 1998, 45（4）:270-272.

[2] 王淑如，王丁刚.茶叶多糖对心血管系统的部分药理作用[J].中药草，1992, 23（8）：4-5.

[3] 清水岑夫.探讨茶叶的降血糖作用以从茶叶中制取抗糖尿病的药物[J].国际外农学茶叶, 1987（3）：38-40.

[4] 刘维信，娄艳.白菜品种叶片色泽参数相关和聚类分析[J].中国蔬菜，2011（4）：35-38.

[5] 严俊, 林刚.测色技术在茶叶色泽及品质评价中的应用研究——（二）茶叶色泽的测定[J]. 茶业通报, 1995, 17（2）：1-3.
[6] 严俊, 林刚, 赖国亮, 等.测色技术在炒青绿茶品质评价中的应用研究[J]. 食品科学, 1996（7）：21-24.
[7] 严俊, 林刚, 叶付刚, 等.测色技术在工夫红茶品质评价中的应用研究[J]. 中国农学通报, 1997（6）：24-26.
[8] 赖国亮.色差在炒青绿茶品质评价中的应用[J]. 福建茶叶, 2001,（3）：15-16.
[9] 赖国亮, 吴金桃, 兰永辉.测色技术在炒青绿茶品质评价中的应用[J]. 中国茶叶, 1999（4）：21.
[10] 李立祥, 梅五, 常珊, 等. 绿茶汤色分析[J]. 食品与发酵工业, 2005, 31（10）：123-126.
[11] Yuerong Liang,Jianliang Lu,Lingyun Zhang, et al. Estimation of black tea quality by analysis of chemical composition and colour difference of tea infusions[J]. Food Chemistry,2003:283-290.
[12] 赖凌凌, 郭雅玲. L*a*b*表色系统与绿茶汤色的相关性分析[J]. 热带作物学报, 2011, 32：1172-1175.
[13] 李云飞, 戴前颖. 绿茶汤中主要化学物质与色泽劣变的相关性研究[J]. 茶业通报, 2013, 1：10-17.

一年一味

普洱茶贮存年份与生化成分及感官品质的关系

第七章

不同贮存年份普洱茶香气的变化与品质评价

茶叶的香气是反映茶叶品质优劣的一个重要因素，是茶叶所含芳香物质不同比例和阈值的综合体现。迄今为止，茶叶中已分离鉴定的芳香物质约有700种，但其主要成分仅为数十种，如香叶醇、顺-3-己烯醇、芳樟醇及其氧化物、苯甲醇等。普洱茶主要是通过贮存期的自然醇化来提升品质的，在适当的贮存条件下，普洱茶随贮存年份的增加，茶叶内含物质转化就会越充分，香气也变得更加纯正。也就是说普洱茶在一定时期内，在合适的仓储条件下往往会随着时间的流逝而体现出“陈香”的品质特色。但是，目前对于普洱茶“陈香”与贮存年份之间的推断大多基于感官审评的经验性来判断，仍缺乏科学研究的理论基础。著者的研究团队采用电子鼻技术对贮存期为10年的普洱茶挥发性成分进行了检测，目的是构建一套基于普洱茶挥发性成分的普洱茶年份的鉴别体系。为了让读者对电子鼻技术有一定了解，本章占用一定的篇幅对电子鼻技术及其分析检测原理做一介绍。

第一节 电子鼻技术及其测定茶叶香气物质的原理

一、电子鼻技术

电子鼻是一种新兴的能在短时间内分析、识别和检测复杂气味和大多数挥发性成分的智能感官仪器，具有重复性好、不需要复杂的样品预处理过程、不发生感官疲劳和检测结果客观可靠等特点。电子鼻技术与色谱仪、光谱仪等普通的化学分析仪器不同，电子鼻得到的不是被测样品中某种或某几种成分的定性与定量结果，而是给予样品中挥发性成分的整体信息，也称“指纹”数据。基于电子鼻的特点及其方便快捷的优越性，被越来越多的研究者用于食品、化妆品、医药、商检、宇航、环保、微生物等领域。

二、电子鼻测定茶叶香气化合物的原理

电子鼻可通过对干茶样、茶汤、叶底香气化合物的测定，通过电子鼻系统自带的Winmuster软件，采用主成分分析法（PCA），线性判别法（LDA）和传感器区别贡献率（Loadings）可有效判定未知样归属于哪一类，达到一个用电子鼻验证未知样的实验结果（即可鉴别出不同年份的普洱茶的香气特征）。应用电子鼻技术检测普洱茶的香气物质，有助于揭示不同发酵程度、不同贮存年份普洱茶挥发性成分中所共有的特征性成分，为指导普洱茶生产、仓储、品质评价能提供一定的理化指标。本书研究所用的PEN3型便携式电子鼻装置主要由传感器阵列、信号处理模块以及模式识别系统等功能模块构成如图7-1和图7-2所示。其中，传感器阵列由10个金属氧化物气敏传感器组成，传感器性能如表7-1所示。电子鼻不同传感器检测到的样品信息即代表了样品中全部挥发性物质的总体分布，检测过程中的数据由电子鼻的10个不同金属氧化物传感器提供。检测过程中的响应信号为传感器阵列接触挥发性气体后的电导率G与经过标准净化装置处理后的电导率G0的比值，即G/G0。G/G0的变化即代表了香气物质含量的相对变化。

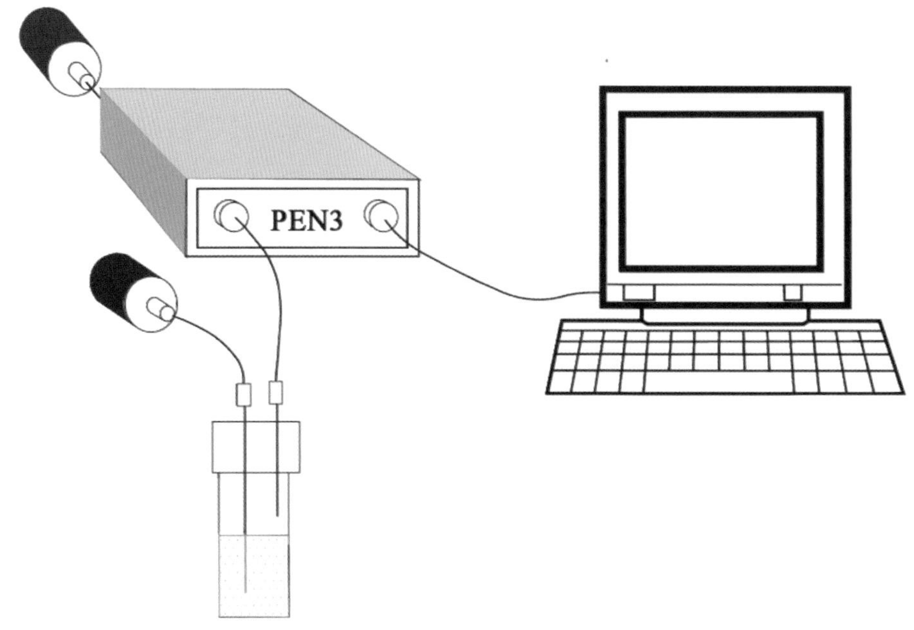

图7-1　电子鼻设备外观图

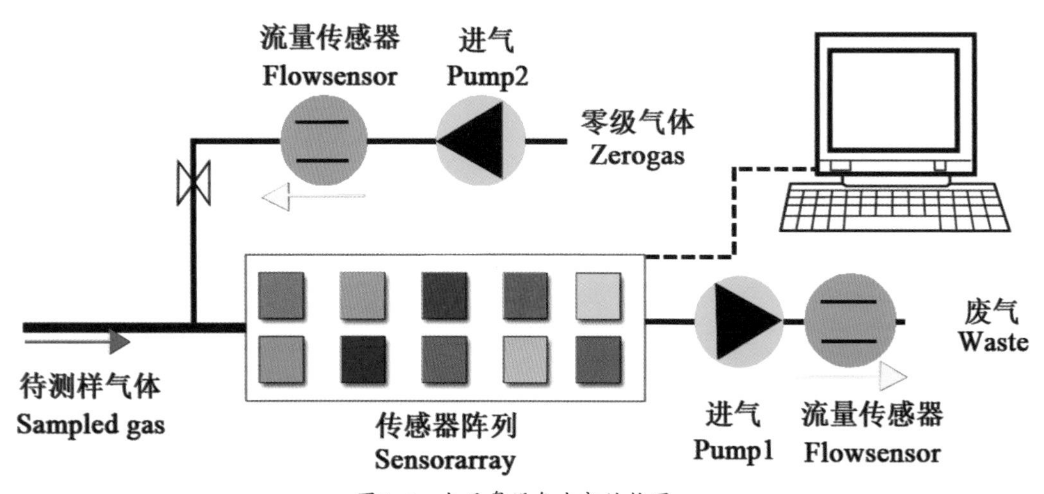

图7-2　电子鼻设备内部结构图

表7-1 传感器性能

阵列序号	传感器名称	性能描述	备注
1	W1C	芳香成分 aromatic	甲苯 10 mL/m^3
2	W5S	对氮氧化合物很灵敏 broadrange	NO_2 1 mL/m^3
3	W3C	对芳香成分灵敏 aromatic	苯 10 mL/m^3
4	W6S	主要对氢气有选择性 hydrogen	H_2 100 mL/m^3
5	W5C	烷烃芳香成分 arom-aliph	丙烷 1 mL/m^3
6	W1S	对甲烷灵敏 broad-methane	CH_4 100 mL/m^3
7	W1W	对硫化物灵敏 sulphur-organic	H_2S 1 mL/m^3
8	W2S	对醇类灵敏 broad-alcohol	CO 100 mL/m^3
9	W2W	芳香成分，对有机硫化物灵敏 sulph-chlor	H_2S 1 mL/m^3
10	W3S	对烷烃灵敏 methane-aliph	CH_4 10 mL/m^3

三、基于电子鼻技术对不同贮存年份普洱茶香气判别的研究方法

目前，电子鼻技术用于对红茶发酵过程中的气味进行实时监测。日本对绿茶中浓缩香豆素含量以及其独特的香气研究领域等开展了部分研究，但是该技术在普洱茶方面的应用还比较少，研究成果鲜见报道。因此，为了让读者对本节的研究结果有一定的了解和科学的认知，本节对应用电子鼻技术研究普洱茶香气的研究方法做详细的介绍。

1. 普洱茶干茶、茶汤和叶底香气分析样的制备

（1）取普洱茶3g置于250mL三角瓶中，迅速盖上保鲜

膜，密封静置45min，使三角瓶的气体达到平衡后进行检测（干茶香气物质分析）。

（2）取普洱茶各3g置于250mL三角瓶中，加入150mL 100℃的沸水（纯净水），迅速盖上保鲜膜密封，静置冷却至45℃后进行检测（茶汤香气物质分析）。

（3）取普洱茶各3g置于250mL三角瓶中，加入150mL 100℃的沸水（纯净水），迅速盖上保鲜膜密封，静置冷却至45℃后滤出茶汤，检测叶底的香气。

为了减少误差，干茶、茶汤及叶底都制备3个平行样重复检测3次。

2. 普洱茶干茶、茶汤和叶底香气测定

测定步骤：仪器预热（30min），清洗传感器（120s）至各传感器响应值趋向于1.0000，检测样品（流速300mL/min，信号采集60s），记录对应的特征响应值，保存数据。

电子鼻传感器的信号响应值从40s后开始趋于稳定，为保证检测数据的稳定性和准确度，电导率均取50s处的检测信号进行分析；主成分分析（PCA）、线性判别分析（LDA）和传感器区分贡献率分析（Loadings）均取55~60s对这6个时间点的检测信号进行分析。

3. 数据处理

通过SPSS（64）软件，用Duncan's新复极差测验SSR法对普洱茶的电导率响应值进行分析。使用电子鼻Winmuster软件自带的模型识别方法进行主成分分析（PCA）、线性判别分析（LDA）和传感器区分贡献率分析（Loadings）方法对不同年份普洱生茶的干茶、茶汤和叶底香气进行分析和识别。

第二节 电子鼻测定不同贮存年份普洱茶香气物质电导率 G/G0

一、电子鼻传感器对不同贮存年份普洱生茶电导率G/G0值变化的测定结果

表7-2至7-4是10个不同贮存年份普洱生茶的干茶、茶汤和叶底的具体的电导率G/G0。从表7-2可知，对干茶香气G/G0最大的传感器是W1S和W1W，其次是W5S、W2W和W2S，其他5个传感器的G/G0较低；对茶汤香气G/G0值最大的传感器是W1W和W2W，其次是W1S和W5S，其他6个传感器的G/G0较低（表7-3）；叶底香气G/G0的贡献率大小顺序与茶汤的相同，即为传感器W1W＞W2W＞W1S＞W5S（表7-4）。由表7-1所示的10个传感器的性能可知，W1S传感器对甲烷类挥发性成分敏感，W1W、W2W、W2S和W5S分别对硫化物、芳香成分、有机硫化物、醇类和氮氧化合物等挥发性成分敏感。另外，不同贮存年份普洱生茶的香气物质干茶、茶汤和叶底在其组成上基本一致，只是在干茶中甲烷类气体更为丰富。随着贮存年份的延长，干茶、茶汤和叶底中上述几类挥发性成分的电导率G/G0总体呈显著的上升趋势。

表7-2　不同年份普洱生茶干茶样电导率G/G0值

年份	W1C	W5S	W3C	W6S	W5C	W1S	W1W	W2S	W2W	W3S
2015年	1.061±0.001^{a}	1.483±0.004^{j}	1.038±0.002^{c}	1.095±0.001^{a}	1.027±0.001^{a}	1.987±0.002^{j}	1.790±0.001^{i}	1.468±0.001^{a}	1.882±0.001^{b}	1.247±0.002^{f}
2014年	1.061±0.003^{a}	1.657±0.001^{i}	1.038±0.001^{c}	1.082±0.006^{d}	1.026±0.003^{ab}	2.023±0.001^{h}	1.801±0.004^{h}	1.419±0.003^{b}	1.687±0.001^{g}	1.248±0.008^{f}
2013年	1.062±0.001^{a}	1.669±0.002^{h}	1.039±0.002^{bc}	1.081±0.002^{d}	1.024±0.001^{bc}	2.012±0.003^{i}	1.845±0.001^{g}	1.412±0.002^{b}	1.643±0.002^{i}	1.251±0.006^{e}
2012年	1.058±0.004^{b}	1.715±0.003^{g}	1.040±0.002^{bc}	1.075±0.001^{e}	1.024±0.002^{cd}	2.030±0.001^{g}	1.868±0.006^{f}	1.391±0.001^{d}	1.697±0.004^{e}	1.250±0.001^{e}
2011年	1.055±0.002^{de}	1.732±0.001^{f}	1.040±0.001^{bc}	1.074±0.004^{ef}	1.022±0.006^{ef}	2.051±0.008^{f}	1.885±0.002^{d}	1.374±0.002^{e}	1.694±0.001^{e}	1.254±0.002^{d}
2010年	1.056±0.001^{de}	1.740±0.002^{e}	1.039±0.002^{bc}	1.071±0.007^{g}	1.023±0.002^{cde}	2.077±0.002^{e}	1.882±0.002^{e}	1.368±0.001^{ef}	1.641±0.009^{j}	1.255±0.006^{d}
2009年	1.056±0.001^{cd}	1.794±0.002^{d}	1.041±0.003^{b}	1.073±0.001^{f}	1.022±0.004^{def}	2.083±0.012^{d}	1.901±0.001^{c}	1.359±0.006^{f}	1.684±0.002^{h}	1.255±0.009^{d}
2008年	1.054±0.003^{ef}	1.854±0.001^{c}	1.041±0.005^{b}	1.086±0.008^{c}	1.023±0.002^{cde}	2.087±0.003^{c}	1.901±0.002^{c}	1.371±0.002^{e}	1.714±0.011^{d}	1.258±0.001^{c}
2007年	1.053±0.001^{f}	1.968±0.003^{b}	1.042±0.002^{b}	1.094±0.002^{a}	1.021±0.001^{f}	2.132±0.001^{b}	2.078±0.003^{b}	1.366±0.006^{ef}	1.727±0.002^{c}	1.265±0.002^{b}
2006年	1.058±0.002^{bc}	2.432±0.001^{a}	1.045±0.004^{a}	1.090±0.001^{b}	1.027±0.002^{a}	2.241±0.002^{a}	2.461±0.001^{a}	1.402±0.001^{c}	2.133±0.001^{a}	1.274±0.001^{a}

注：表中英文小写字母表示Duncan's 新复极差测验SSR法在$P<0.05$水平下的差异显著性，不同字母表示差异显著，反之不显著（n=3）。

表7-3　不同年份普洱生茶茶汤电导率G/G0值

年份	W1C	W5S	W3C	W6S	W5C	W1S	W1W	W2S	W2W	W3S
2015年	1.042 ± 0.001^{de}	1.304 ± 0.002^{j}	0.994 ± 0.002^{f}	1.086 ± 0.005^{f}	1.020 ± 0.002^{cde}	1.586 ± 0.001^{i}	1.872 ± 0.002^{j}	1.227 ± 0.001^{h}	1.547 ± 0.001^{j}	1.203 ± 0.001^{i}
2014年	1.040 ± 0.002^{f}	1.357 ± 0.003^{h}	1.035 ± 0.001^{d}	1.074 ± 0.001^{i}	1.018 ± 0.003^{e}	1.535 ± 0.005^{j}	2.073 ± 0.002^{i}	1.217 ± 0.002^{i}	1.698 ± 0.001^{i}	1.211 ± 0.005^{h}
2013年	1.047 ± 0.001^{c}	1.340 ± 0.001^{i}	1.034 ± 0.003^{d}	1.093 ± 0.002^{e}	1.024 ± 0.001^{b}	1.695 ± 0.001^{e}	2.169 ± 0.001^{g}	1.251 ± 0.002^{g}	1.777 ± 0.002^{g}	1.213 ± 0.004^{g}
2012年	1.042 ± 0.001^{ef}	1.367 ± 0.003^{g}	1.030 ± 0.001^{e}	1.076 ± 0.001^{h}	1.019 ± 0.004^{e}	1.596 ± 0.002^{h}	2.517 ± 0.006^{h}	1.251 ± 0.003^{g}	1.728 ± 0.002^{h}	1.214 ± 0.003^{g}
2011年	1.048 ± 0.007^{c}	1.465 ± 0.001^{f}	1.045 ± 0.005^{a}	1.083 ± 0.001^{g}	1.020 ± 0.001^{cde}	1.928 ± 0.001^{b}	2.822 ± 0.001^{e}	1.375 ± 0.001^{c}	2.145 ± 0.001^{e}	1.223 ± 0.005^{f}
2010年	1.046 ± 0.001^{c}	1.474 ± 0.004^{e}	1.038 ± 0.001^{c}	1.083 ± 0.006^{g}	1.022 ± 0.001^{c}	1.776 ± 0.003^{d}	3.053 ± 0.005^{c}	1.291 ± 0.004^{d}	2.261 ± 0.004^{b}	1.237 ± 0.002^{e}
2009年	1.044 ± 0.001^{d}	1.494 ± 0.001^{d}	1.035 ± 0.001^{d}	1.101 ± 0.001^{d}	1.019 ± 0.002^{de}	1.649 ± 0.001^{g}	2.675 ± 0.001^{f}	1.272 ± 0.001^{f}	2.018 ± 0.006^{f}	1.246 ± 0.001^{d}
2008年	1.046 ± 0.004^{c}	1.557 ± 0.002^{c}	1.036 ± 0.002^{cd}	1.108 ± 0.002^{c}	1.021 ± 0.001^{cd}	1.680 ± 0.002^{f}	2.977 ± 0.006^{d}	1.288 ± 0.005^{e}	2.155 ± 0.003^{d}	1.251 ± 0.002^{c}
2007年	1.053 ± 0.001^{b}	1.565 ± 0.003^{b}	1.041 ± 0.002^{b}	1.162 ± 0.002^{b}	1.021 ± 0.002^{cd}	1.905 ± 0.001^{c}	3.078 ± 0.001^{b}	1.393 ± 0.001^{a}	2.213 ± 0.003^{c}	1.257 ± 0.002^{b}
2006年	1.056 ± 0.002^{a}	1.601 ± 0.001^{a}	1.044 ± 0.002^{a}	1.205 ± 0.001^{a}	1.027 ± 0.001^{a}	1.969 ± 0.002^{a}	3.430 ± 0.003^{a}	1.390 ± 0.002^{b}	2.415 ± 0.002^{a}	1.266 ± 0.002^{a}

注：表中英文小写字母表示Duncan's 新复极差测验SSR法在$P<0.05$水平下的差异显著性，不同字母表示差异显著，反之不显著（$n=3$）。

表7-4 不同年份普洱生茶叶底电导率G/G0值

年份	W1C	W5S	W3C	W6S	W5C	W1S	W1W	W2S	W2W	W3S
2015年	1.047±0.004^{ab}	1.398±0.001^{h}	1.003±0.001^{bc}	1.078±0.001^{de}	1.020±0.003^{c}	1.628±0.001^{i}	2.272±0.001^{j}	1.287±0.002^{bc}	1.768±0.007^{j}	1.215±0.002^{g}
2014年	1.045±0.001^{c}	1.407±0.001^{g}	1.001±0.004^{cd}	1.076±0.002^{e}	1.021±0.001b^{c}	1.654±0.002^{h}	2.287±0.001^{i}	1.267±0.002^{d}	1.798±0.001^{i}	1.218±0.001^{f}
2013年	1.048±0.005^{a}	1.444±0.004^{ef}	1.039±0.001^{a}	1.086±0.001^{b}	1.023±0.002^{a}	1.658±0.003^{g}	2.388±0.004^{h}	1.292±0.001^{bc}	1.857±0.004^{h}	1.217±0.004^{f}
2012年	1.048±0.003^{a}	1.443±0.002^{f}	1.000±0.002^{cd}	1.085±0.001^{b}	1.023±0.001^{ab}	1.682±0.001^{f}	2.423±0.005^{g}	1.272±0.005^{bcd}	1.865±0.002^{g}	1.218±0.005^{f}
2011年	1.045±0.001^{c}	1.445±0.001^{e}	0.985±0.001^{e}	1.091±0.004^{a}	1.021±0.007^{c}	1.687±0.004^{e}	2.447±0.007^{f}	1.294±0.001^{bc}	1.875±0.001^{f}	1.222±0.001^{e}
2010年	1.042±0.002^{d}	1.485±0.005^{d}	0.984±0.001^{e}	1.079±0.007^{d}	1.017±0.006^{d}	1.691±0.003^{d}	2.532±0.007^{e}	1.250±0.008^{d}	1.922±0.005^{e}	1.225±0.006^{d}
2009年	1.045±0.001^{c}	1.493±0.003^{c}	1.011±0.001^{bc}	1.078±0.005^{d}	1.021±0.001^{bc}	1.721±0.005^{c}	2.593±0.003^{d}	1.269±0.001^{cd}	1.950±0.001^{d}	1.228±0.007^{c}
2008年	1.043±0.006^{d}	1.495±0.001^{b}	0.990±0.002^{de}	1.085±0.002^{bc}	1.022±0.002^{abc}	1.724±0.007^{b}	2.629±0.001^{c}	1.341±0.009^{a}	1.973±0.003^{c}	1.232±0.001^{b}
2007年	1.046±0.002^{bc}	1.497±0.002^{b}	1.015±0.001^{b}	1.086±0.001^{b}	1.021±0.001^{bc}	1.725±0.009^{b}	2.724±0.002^{b}	1.301±0.003^{b}	1.988±0.001^{b}	1.241±0.002^{a}
2006年	1.048±0.007^{a}	1.508±0.001^{a}	1.028±0.02^{a}	1.083±0.001^{c}	1.022±0.007^{abc}	1.748±0.001^{a}	2.737±0.001^{a}	1.265±0.001^{d}	2.044±0.004^{a}	1.241±0.001^{a}

注：表中同列英文小写字母不同表示Duncan's新复极差测验SSR法在$p<0.05$水平下的差异显著性（$n=3$）。

二、不同贮存年份普洱生茶香气的主成分分析（PCA）结果

主成分分析（PCA）是模式识别中的一种线性监督分析法，其将传感器多元的信息线性进行降维、简化、重排、变换为少数的几个保留了原始数据中主要信息的综合信息（主成分）[*28]，最终用二维的散点图形式展现。PCA的散点图中每个圈代表一个样品（本节中即为不同贮存年份的普洱生茶），点与点之间的距离代表样品（普洱生茶）间特征差异的大小。主成分的总贡献率大于85%，就基本可以反映原始数据的特征信息。对干茶、茶汤和叶底香气物质进行PCA分析的结果如图7-3A、图7-3B和图7-3C所示。从PCA分析结果可知：干茶、茶汤和叶底的第一主成分区分贡献率分别达到97.927%、97.665%和95.752%，第二主成分区分贡献率分别达到1.677%、1.499%和3.076%，两个主成分区分的累计贡献率分别达到99.604%、99.164%和98.827%，说明这两个主成分已经基本代表了样品的主要信息特征（主成分的总贡献率都大于85%），PCA分析具有可行性。另外，不同贮存年份普洱生茶挥发性香气成分的数据采集点所在的椭圆形区域在PCA的散点图中除2013年（贮存时间第3年）和2015年（贮存时间第1年）普洱生茶叶底挥发性香气成分之间有重叠外（图7-3C），其余的都分布在特定的区域中，说明不同贮存年份普洱生茶的香气有较大的差异，PCA分析可以将不同贮存年份的普洱生茶香气归类，并加以区分，且区分效果良好，在年份鉴别中可以发挥很好的作用。

注释

*28 简单地说就是把庞大的分析数据归纳整理成能代表样本信息的、简单的几个主要成分。

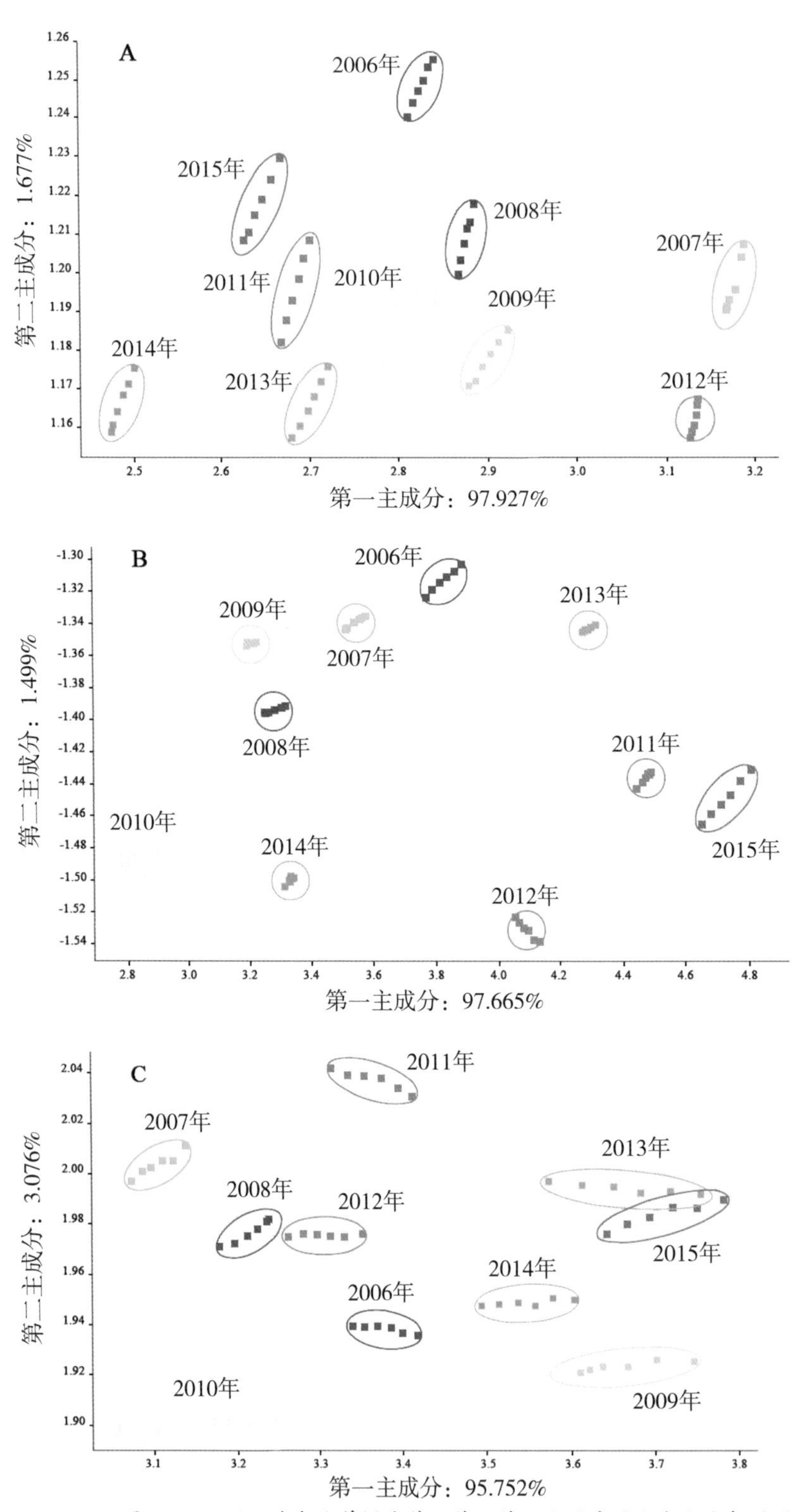

图7-3　不同贮存年份普洱生茶干茶、茶汤和叶底的主成分分析结果

三、不同贮存年份普洱生茶香气的线性判别分析（LDA）结果

线性判别分析（LDA）是将高维的模式样本投影到最佳鉴别矢量空间，达到抽取分类信息和降低特征空间维数的效果，可以将组间分得更开（组间可以理解为不同贮存年份普洱生茶），LDA值越大区分效果就越好，当LDA值大于80%时即可用。LDA判别因子分析图如图7-4所示，由图可知，10个不同贮存年份普洱生茶干茶（图7-4A）的Linear Discriminant 1（LDA值1）和Linear Discriminant 2（LDA值1）的贡献率分别达到75.849%和19.721%，两判别式的总贡献率为95.57%，说明相互之间都能明显的区分（95.57%>80%），香气的数据采集点有不同的分布区域，其中，2012年、2007年和2006年茶样相互之间的距离较远，而2009年、2008年、2010年三个茶样分布在距离较近的同一区域；2011年、2013年、2014年和2015年4个茶样也同样分布在距离较近的同一区域，且两区域相互间距离较近，但两区域与2012年、2007年和2006年的三个茶样间距离又较远，说明贮存年份相近的普洱生茶干茶中可能含有共同的香气物质，并且随着贮存年份的增加香气物质会产生明显的变化，也说明LDA法可以区分不同贮存年份的普洱生茶，这可与PCA的分析结果相互验证。茶汤（图7-4B）的Linear Discriminant 1（LDA值1）的贡献率达到72.950%，Linear Discriminant 2（LDA值2）的贡献率达到16.418%，两判别式的总贡献率为89.367%。从图7-4B可以看出，除2012年、2013年和2015年的茶汤香气数据采集点相互之间的距离较远外，其余的几个集中分布在离x=0最远的区域（x是指坐标图的横坐标），且2008年和2009年、2011年和2014年存在重叠现象，说明茶汤的香气存在差异，但区分效果不及干茶。从图7-4C可

以看出，叶底香气两判别式的总贡献率仅为71.936%，不具有区别的效果。综上所述，无论是PCA分析还是LDA分析，都能将普洱生茶香气较好区分开，并且LDA分析结果明显优于PCA分析。而且年份差别越大，分离效果越好。

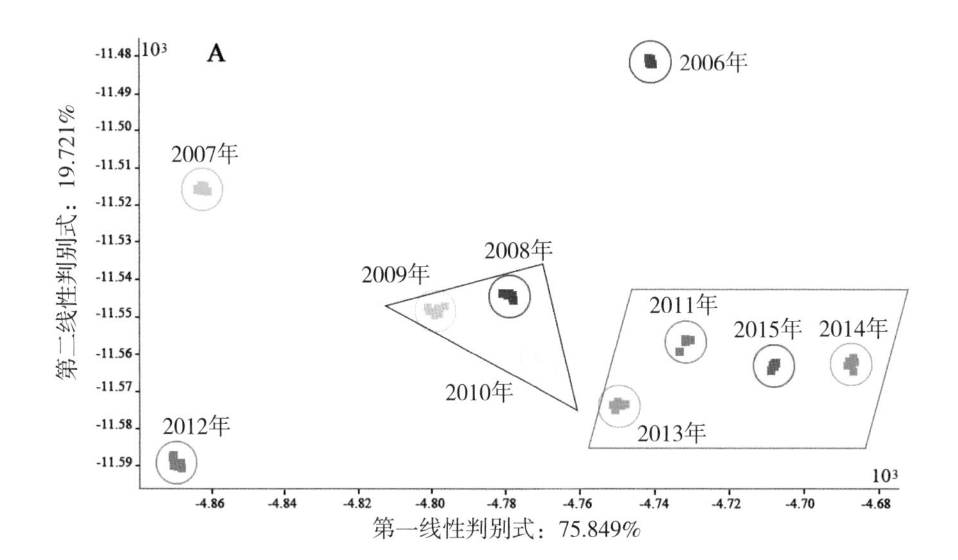

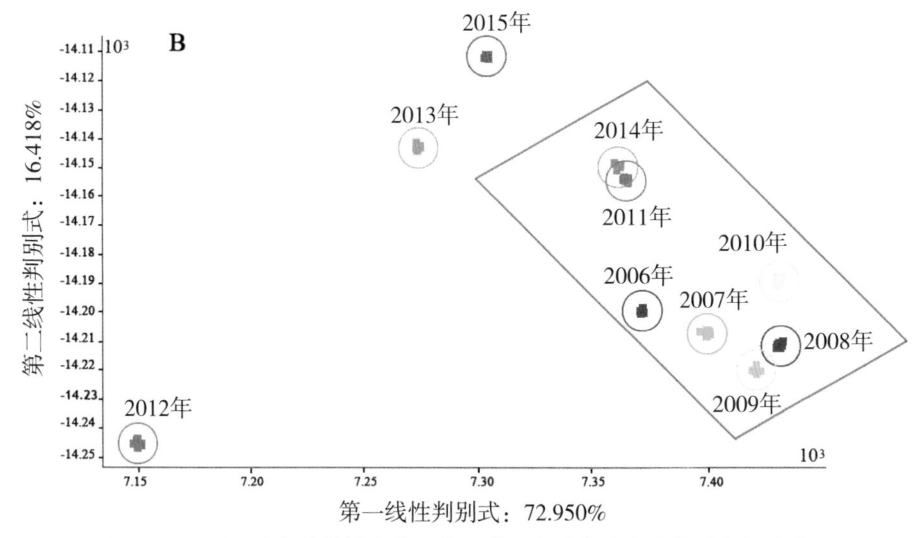

图7-4 不同贮存年份普洱生茶干茶、茶汤和叶底的线性判别分析结果

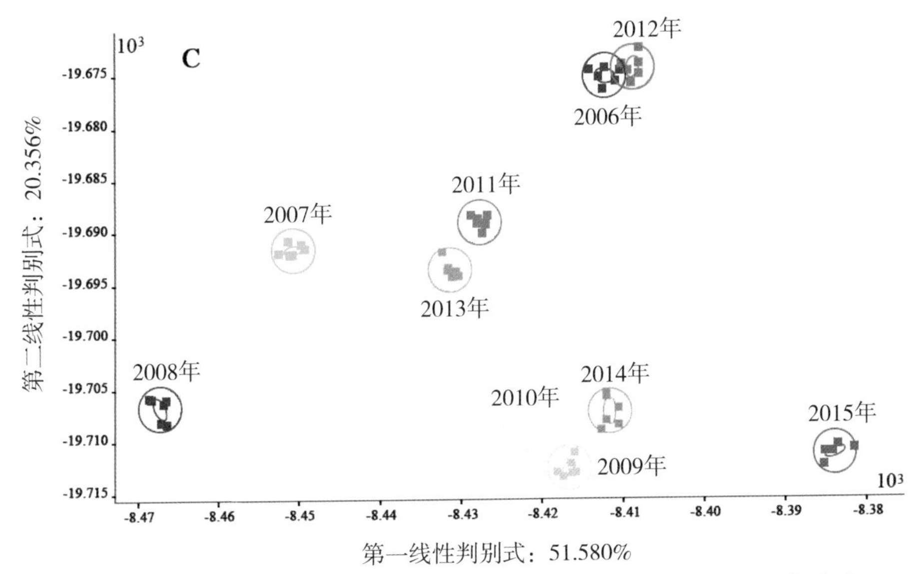

图7-4（续） 不同贮存年份普洱生茶干茶、茶汤和叶底的线性判别分析结果

四、传感器区分贡献率Loadings的分析结果

传感器区分贡献率（Loadings）分析法与PCA相关，它们都基于同一种算法。本节中的Loadings分析法主要是对传感器进行研究，利用该方法可以确认特定实验样品（普洱生茶）下各传感器对样品区分的贡献率大小，从而可以考察在样品（普洱生茶）区分过程中哪一类气体（或挥发性物质）起了主要区分作用。干茶的Loadings分析结果如图7-5A所示，传感器W1W（对硫化物敏感）的位点距离$x=0$最近（x是指图中坐标图的横坐标，即x轴，对应的纵坐标为y轴），说明W1W对第一主成分的贡献率最大，而传感器W1S（对甲烷敏感）的位点距离$y=0$最远，说明其对第二主成分贡献率最大；传感器W2W（对芳香成分，有机硫化物敏感）的位点居于x和y轴的中间位置，说明其对第一、第二主成分有同等贡献。茶汤的Loadings分析结果如图7-5B所示，由图可知，传感器W1W的位点距$x=0$和$y=0$都较远，说明其对第一、第二主成分的贡献都较大，而W5S（对氮氧化物敏感）距$y=0$最远，说明其对第二主成分贡献率最大，传感器

W2W对第一、第二主成分的贡献与干茶相似；叶底的Loadings分析结果如图7-5C所示，由图可以看出，传感器对主成分的贡献率与干茶的完全相同，即传感器W1W对第一主成分的贡献率最大，传感器W1S对第二主成分贡献率最大，传感器W2W对第一、第二主成分有同等贡献。综合上述分析，不同贮存年份普洱生茶的香气物质的变化可能主要与硫化物、甲烷、部分芳香型化合物、有机硫化物类和氮氧化物类等挥发性物质有关。

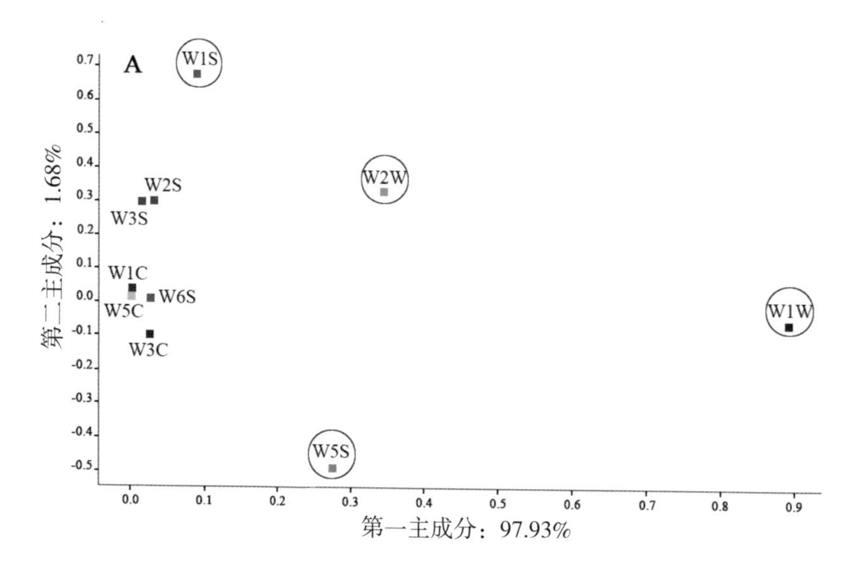

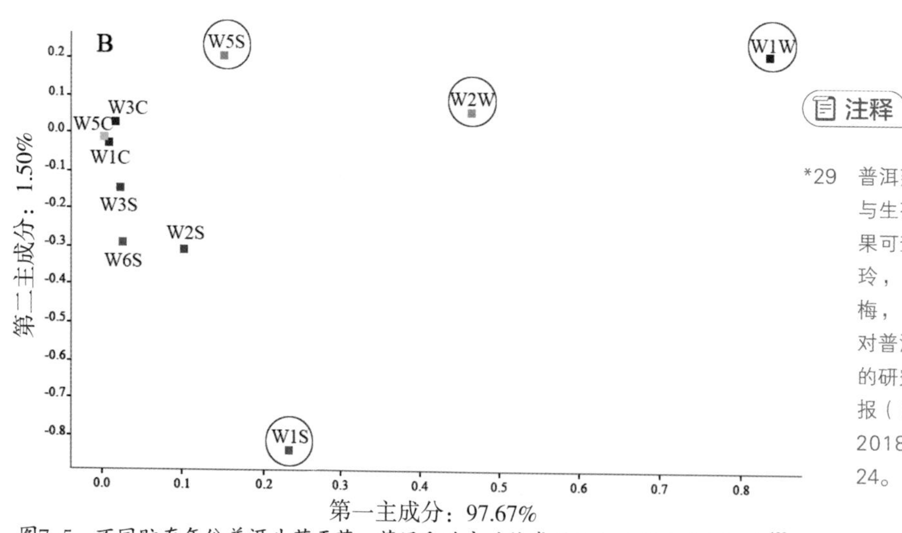

图7-5　不同贮存年份普洱生茶干茶、茶汤和叶底的传感器区分贡献率分析结果*29

注释

*29　普洱熟茶的研究结果与生茶相似，研究结果可查阅文献：罗美玲，田洪敏，杨雪梅，等.电子鼻技术对普洱熟茶香气判别的研究，西南大学学报（自然科学版），2018,40（8）:16-24。

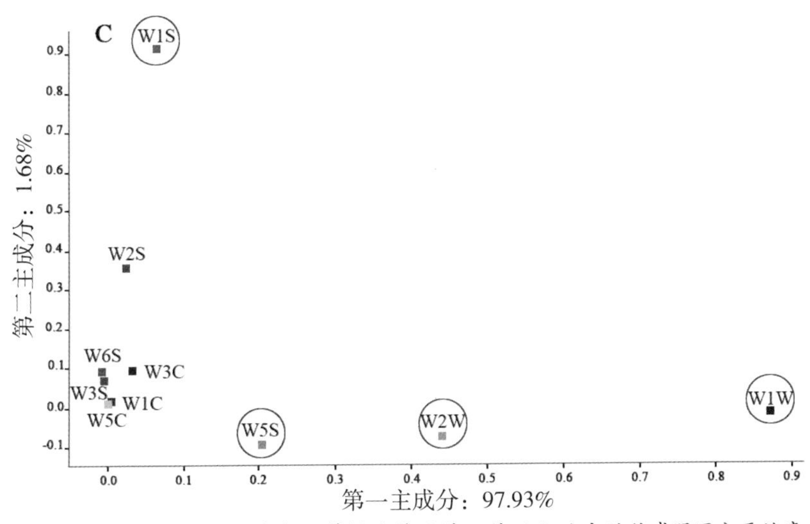

图7-5（续） 不同贮存年份普洱生茶干茶、茶汤和叶底的传感器区分贡献率分析结果

参考文献

[1] 李明, 曾茜, 孙培冬, 等. HS-SPME/GC-MS分析无锡绿茶香气成分[J]. 食品与机械, 2015, 31（3）：32-36.

[2] 王道平, 甘秀海, 梁志远, 等.固相微萃取法与同时蒸馏萃取法提取茶叶香气成分[J].西南农业学报, 2013, 26（1）：131-135.

[3] 杨雪梅. 不同储存年份普洱生茶香气判别及其体外抗氧化活性研究[D]. 昆明：云南农业大学, 2018.

[4] Xuemei Yang, Yingliang Liu, Lihong, et al. MuDiscriminant research for identifying aromas of non-fermented Pu-erh tea from different storage years using an electronic nose[J]. Journal of Food Processing and Preservation, 2018,42（10）：1-9.

[5] Devdulal Ghosh, Ashu Gulati, Robin Joshi, et al. Estimation of Aroma Determining Compounds of Kangra Valley Tea by Electronic Nose System[J]. Springer Berlin Heidelberg, 2012, 7143: 171-179.

[6] 王俊, 崔绍庆, 陈新伟, 等. 电子鼻传感技术与应用研究进展[J]. 农业机械学报, 2013,（11）：160-167+179.

[7] 程绍明. 基于电子鼻技术检测番茄种子发芽率和种苗病害的可行性研究[D].杭州：浙江大学, 2011.

[8] 刘远方, 李阳, 梁飞, 等. 绿茶香气的电子鼻分析方法研究[J]. 食品科技, 2012, 1：58-62.
[9] 甘芝霖, 刘远方, 杨阳, 等. 基于电子鼻技术的信阳毛尖茶品质评价[J]. 食品工业科技, 2013, 2：54-57+60.
[10] 史波林, 赵镭, 支瑞聪, 等. 应用电子鼻判别西湖龙井茶香气品质[J]. 农业工程学报, 2011, S2：302-306.
[11] 薛大为, 杨春兰. 基于电子鼻技术的黄山毛峰茶品质检测方法[J]. 湖北工程学院学报, 2014, 3：64-67.

一年一味

普洱茶贮存年份与生化成分及感官品质的关系

第八章

不同产地与贮存年份普洱生茶香气和呈味物质的变化

如前言所述，普洱茶是活的有机体，非常有必要揭示其香气成分和影响茶汤滋味物质在贮存过程中的变化规律。但是，普洱茶在贮存期间化学成分变化不仅取决于贮存时间，同时与产地环境也有着紧密的联系，也就是说即使是相同年份的普洱茶由于受地域影响，其香气和滋味都会产生各自的风味特点，即现在人们所说的"一山一味""百山百味"的感官品质特点。因此，结合本书前面几个章节所述的研究方法，著者研究团队以产自云南西双版纳、临沧和德宏三个茶区的贮存年份分别为2009年、2011年、2013年、2015年和2017年的普洱生茶[*30]为实验材料，对上述三个产地及不同贮存年份普洱生茶的挥发性香气特征物质和滋味物质茶多酚、儿茶素组分、咖啡碱和氨基酸含量进行测定，并采用主成分分析（PCA）和偏最小二乘-判别分析法（PLS-DA）对年份和产地鉴别开展了研究。研究结果将有助于如何从普洱生茶的呈味物质和挥发性香气物质的角度去解释普洱生茶的地域特色，进而促进普洱茶市场发展。同时，为普洱茶的科学贮存和地域特色的研究提供了参考与借鉴。

一、不同产地和不同贮存年份普洱生茶电子鼻[*31]香气测定

主成分分析（PCA）分析结果如图8-1A所示，从图可知，第一主成分贡献率为97.45%，第二主成分贡献率为1.95%。两个主成分累计贡献率达99.40%，说明PCA的分析结果对不同产地和不同贮存年份普洱生茶香气的区分度较高，且从PCA图中可以看出虽然部分样品的普洱生茶有相交部分，但产地和年份的区分度较好。线性判别分析（LDA）结果如图8-1B所示，从图可知，供试的普洱生茶在贮存期间香气物质发生了变化，其中产自德宏的2009年（贮存时间第6年）和2015年（贮存时间第1年）的普洱生茶有部分重叠，产自西双版纳的2009年（贮存时

注释

*30 如"不同贮存年份普洱熟茶儿茶素组分和5种主要儿茶素含量的变化与品质评价"部分所述，由于普洱熟茶经过长时间的发酵，在水提物中很难检测到儿茶素组分等茶叶的主要滋味物质，所以只对普洱生茶开展了研究。

*31 方法和原理与上文相同，根据研究结果和对茶叶品质判断的重要程度，研究只对茶汤香气进行采集和分析。

间第6年）的普洱生茶和产自临沧的2013年（贮存时间第3年）的普洱生茶有部分重叠，其余所有供试的普洱生茶都分布在不同区域，说明产地和贮存年份相对接近的茶样内含的挥发性成分含量和种类也比较接近，通过电子鼻可以判别区分。传感器区分贡献率（Loadings）分析结果如图8-1C所示，在区分不同贮存年份茶样挥发性物质变化中，W1W（敏感性成分：硫化物）传感器在第一主成分区分贡献率最大，其次W2W（敏感性成分：芳香成分和有机硫化物）传感器；W1S（敏感性成分：甲烷）传感器在第二主成分区分贡献率最大，其次是W2S（敏感性成分：醇类）传感器，说明甲烷和硫化物两类挥发性物质在区分茶样时起主要作用[*32]，也即说明甲烷和硫化物两类挥发性物质在不同贮存年份和产地的普洱生茶中存在较大差异。其次是芳香成分和有机硫化物及乙醇。

注释

*32 与第七章的研究结果一致。

二、不同产地和不同贮存年份普洱生茶呈味物质含量的变化

普洱生茶加工工艺中没有渥堆这一工序，因此，其口感的变化主要是依赖于后期自然贮存条件下茶叶生化成分（滋味物质，下同）发生的一系列动态变化而引起的，如苦涩味逐渐减弱、醇和度的提升、刺激感的下降等。著者的研究团队经细致研究获得的不同产地和不同贮存年份普洱生茶茶多酚、咖啡碱、氨基酸、儿茶素等生化成分（滋味物质）含量的变化，以及酚氨比和儿茶素苦涩味指数（y）的测定结果如表8-1所示，从表可知，上述生化成分的变化不受产地影响，无论是来源于德宏州、临沧市还是西双版纳州的普洱生茶中各生化成分含量在贮存期前后都发生了显著的变化（$P<0.05$）。但是，由于产地环境不同，某些生化成分的含量及其变化有一定差异，如产自德宏茶区的普洱生茶的茶多酚和EGCG的含量大于产自临

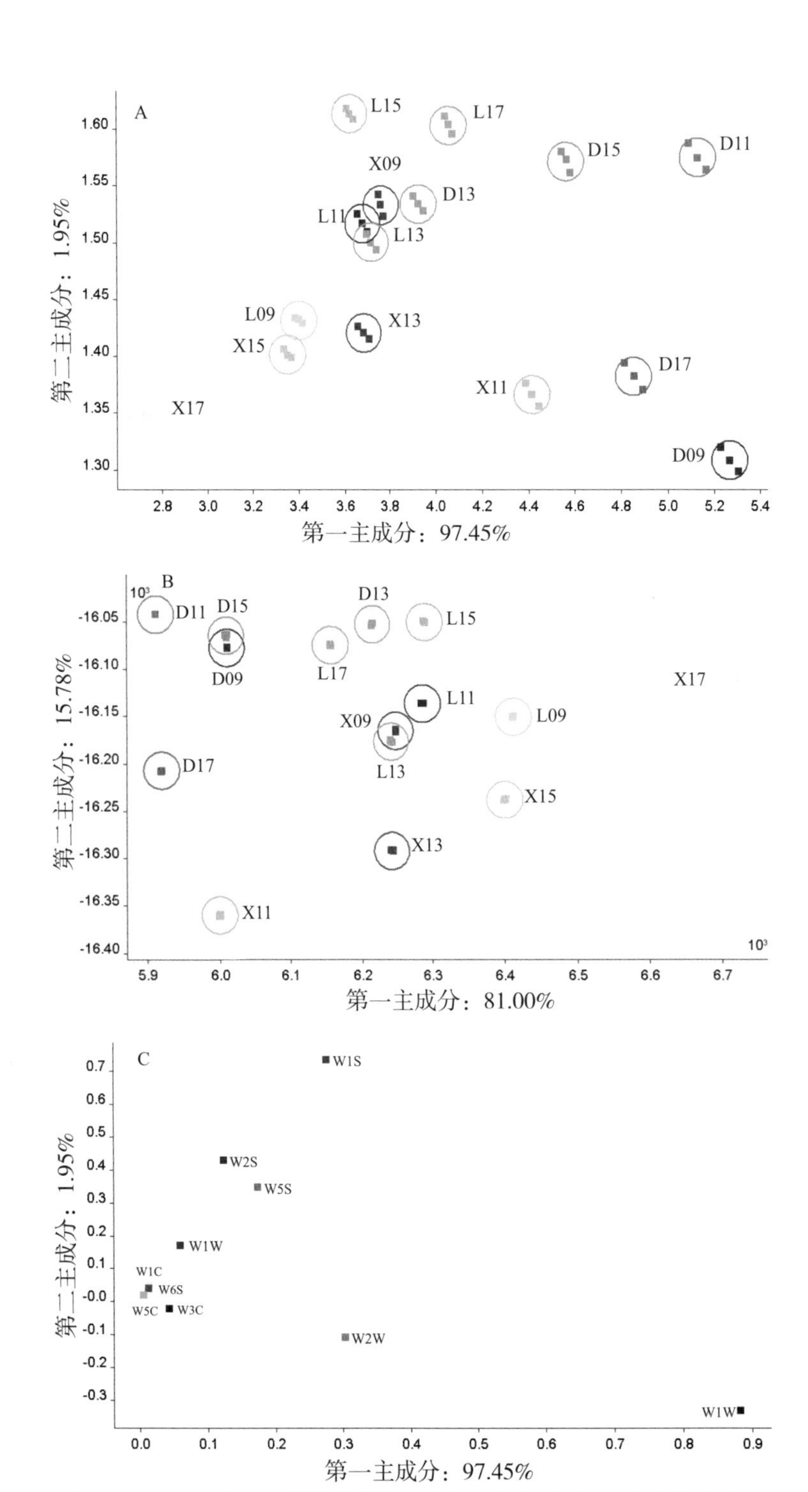

图8-1 不同贮存年份普洱生茶茶汤香气主成分（A）、线性判别（B）和传感器区分贡献率（C）分析结果

注：大写字母代表产地，D、L和X分别代表德宏、临沧和西双版纳，大写字母后的数字代表年份，如“09”表示2009年。

沧茶区和西双版纳茶区的普洱生茶的含量。还有，由于贮存环境不同，上述生化成分的降解（转化速度）幅度也有明显的差异，在三个茶区中，产自德宏茶区的普洱生茶样中的茶多酚和EGCG含量与贮存时间第1年（2017年）相比贮存时间第9年（2009年）的降幅分别达20.49%和71.37%，表现出较快的转化速度，而西双版纳茶区的转化速度整体上较慢。从上述结果我们可以得出结论，即在强调普洱茶“越陈越香”或者说品质“越陈越好”的理念时，一定要注意贮存时间和普洱茶产地环境的重要性，就我们的研究结果而言，生化成分转化速度快的德宏茶区，其贮存期可以适当缩短，而西双版纳茶区普洱茶的贮存期可以适当延长。从儿茶素苦涩味指数（y）的变化来看，我们认为贮存期为五年和六年的普洱生茶滋味的粗涩感也降到最低点，已经具备很好的品饮口感和价值，这一点与第三章的研究结果一致。

表8-1　不同产地不同年份普洱生茶生化成分含量及儿茶素苦涩味指数（y）的检测结果

年份	生化成分									
	茶多酚	氨基酸	咖啡碱	C	EC	ECG	EGC	EGCG	GC	y
D2017	30.84a	4.90a	2.65a	5.11b	1.95a	4.73a	3.52a	7.65a	4.86a	2.92a
D2015	28.16b	4.74b	2.65a	4.71c	1.14c	3.54b	1.86c	6.47b	3.49c	2.62b
D2013	25.97c	4.75b	2.60a	5.29a	0.92d	3.05c	1.76d	5.82c	4.58b	2.45b
D2011	23.58e	3.88c	1.98b	2.60d	0.73e	2.33d	1.36e	3.62d	2.31e	2.59b
D2009	24.52d	3.75d	2.66a	3.09c	1.24b	3.10c	2.10b	2.19e	2.78d	2.58b
2017年到2013年降幅（%）	15.79	3.06	—	–3.52	52.41	35.52	50.00	23.92	2.14	—
2017年到2009年降幅（%）	20.49	23.47	—	39.53	36.41	34.46	40.34	71.37	40.6	—
L2017	26.50c	4.88a	3.03d	5.49a	1.49a	5.69a	3.61a	6.49a	4.19a	2.86a
L2015	26.04d	4071b	3.11c	4.28b	1.34c	4.19c	1.47b	5.09b	3.47b	2.53c

续表 8-1

年份	生化成分									
	茶多酚	氨基酸	咖啡碱	C	EC	ECG	EGC	EGCG	GC	*y*
L2013	25.34a	4.32c	3.11c	3.48c	1.44b	4.54b	1.33c	4.37d	0.52e	2.19e
L2011	23.39b	4.03d	3.29b	3.28c	1.22b	4.47b	1.09d	4.70c	2.96c	2.40d
L2009	23.22e	3.43e	3.51a	3.14d	0.87e	3.51d	0.90e	3.51e	2.72d	2.65b
2017年到2013年降幅（%）	4.38	11.47	—	36.61	3.35	20.21	63.16	32.67	87.59	—
2017年到2009年降幅（%）	12.38	29.71	—	42.81	41.61	38.31	75.07	45.92	35.08	—
X2017	25.79a	4.32b	2.75d	4.09a	1.44c	4.46a	2.47b	6.91a	5.62a	3.52a
X2015	25.03c	5.01a	3.30a	3.16c	1.81a	4.34b	2.66a	5.76b	2.93c	3.16b
X2013	25.22b	3.96d	2.93c	2.98d	1.54b	4.22c	1.19d	4.92e	3.60b	3.08b
X2011	23.85d	4.14c	3.16b	3.55b	1.33d	3.76e	1.99c	5.08c	2.69d	2.77c
X2009	23.20e	3.90d	3.30a	3.53b	1.46c	3.98d	1.40d	4.90d	2.94c	2.86c
2017年到2013年降幅（%）	2.21	8.33	—	27.14	-6.94	5.38	51.82	28.80	35.94	—
2017年到2009年降幅（%）	10.04	9.72	—	13.69	-1.39	10.76	43.32	29.10	47.67	—

注：表中同列英文小写字母不同表示Duncan's新复极差测验SSR法在$P<0.05$水平下的差异显著性（n=3）。

三、基于挥发性物质电导率G/G0和呈味物质含量的主成分和偏最小二乘-判别分析结果

基于挥发性物质电导率G/G0和呈味物质含量的测定结果，构建不同产地不同贮存年份普洱生茶的主成分得分图和载荷图如图8-2所示。从图8-2A可知，来源不同、贮存时间不同的15份普洱生茶供试样分布在主成分空间中的Ⅰ～Ⅳ4个象限，其中，第Ⅱ象限只有德宏茶区2015年和西双版纳茶区2017年普洱生茶，除此之外，德宏茶区的普洱生茶全部分布在第Ⅰ象限，临沧茶区的普洱生茶主要分布在第Ⅲ象限，西双版纳茶区的普洱生茶主要分布在

第Ⅳ象限。普洱生茶在主成分空间上的分布说明了不同产地不同贮存年份普洱生茶中香气和呈味物质的含量上是有很大差异

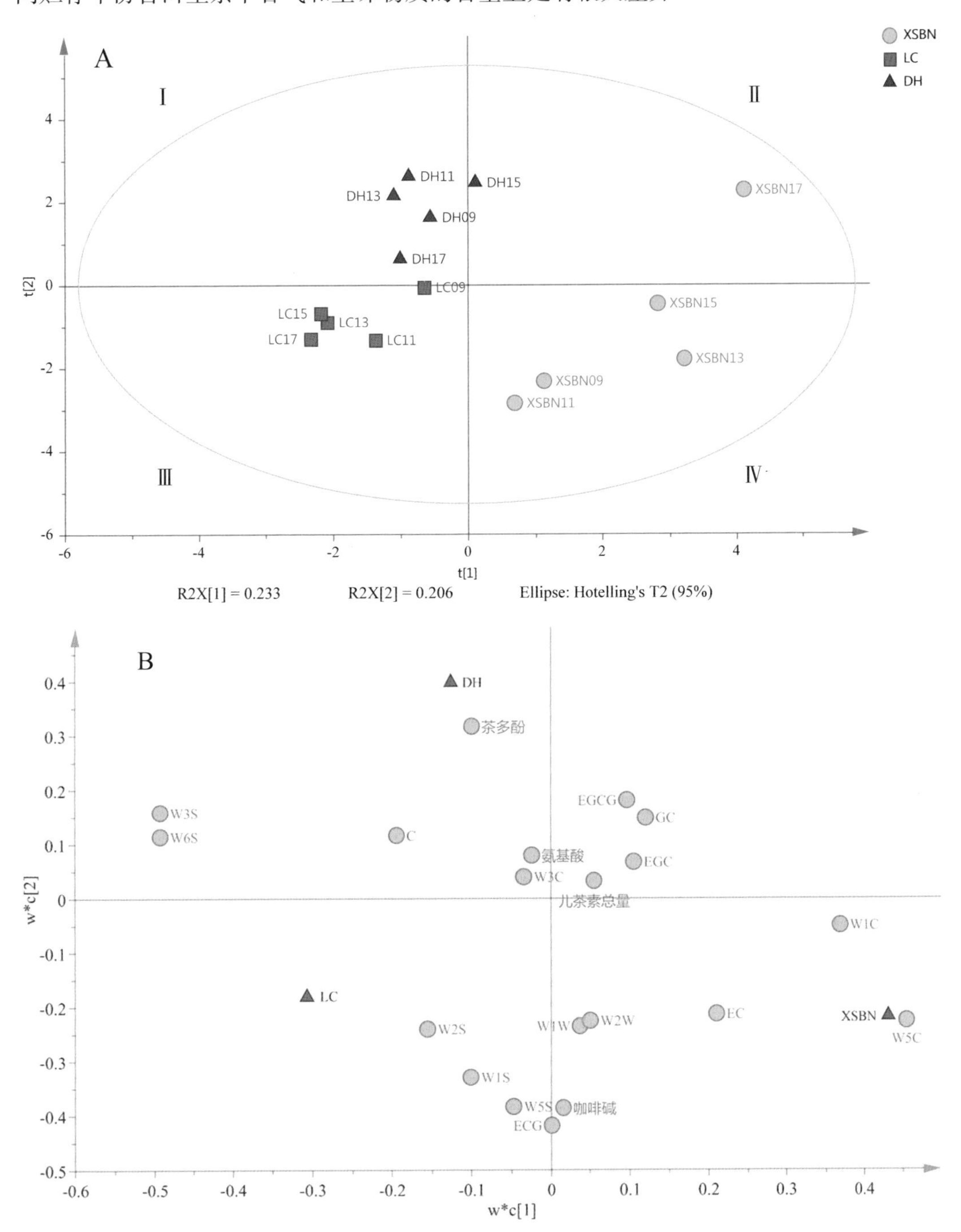

图8-2　15份不同产地和不同年份普洱生茶香气和呈味物质分析主成分得分图（A）和载荷图（B）

的。从载荷图（8–2B）可以看到，引起不同产地不同贮存年份普洱生茶的关键变量是挥发性成分烷烃、氢气、氨类和芳香化合物、甲烷、醇类、氮氧化合物、芳香化合物、烷烃芳香化合物、硫化物和芳香成分、有机硫化物和滋味物质茶多酚、氨基酸、咖啡碱和儿茶素类C、EC、EGC、 ECG、EGCG和GC。其中，W3S（烷烃）、W6S（氢气）、C（儿茶素）、茶多酚、氨基酸和W3C（氨类和芳香化合物）在载荷图中的位置与德宏茶区的普洱生茶在得分图分布的位置类似，说明德宏茶区普洱生茶中烷烃、氢气和氨类和芳香化合物这几类挥发性物质和C（儿茶素）、茶多酚和氨基酸这几种滋味物质的含量较普洱茶区和西双版纳茶区的普洱生茶的高。ECG、W1S（甲烷）、W2S（醇类）和W5S（氮氧化合物）在载荷图中的位置与普洱产区的普洱生茶在得分图的位置类似，说明普洱产区甲烷、乙醇和氮氧化合物这三类挥发性物质和ECG的含量较德宏茶区和西双版纳茶区高。EC、咖啡碱、W1C（芳香化合物）、W5C（烷烃芳香化合物）、W1W（硫化物）和W2W（芳香成分和有机硫化物）在载荷图中的位置与西双版纳产区的供试样在得分图的位置类似，说明这芳香化合物、烷烃芳香化合物、硫化物、芳香成分和有机硫化物这五类挥发性物质和EC和咖啡碱的含量较德宏茶区和临沧茶区高。而EGC、儿茶素总量、EGCG和GC在图中的位置与临沧茶区普洱生茶在得分图中的位置相反，与德宏、西双版纳茶区相近，说明这几种呈味物质的含量在临沧茶区普洱生茶中含量较普洱茶区和西双版纳茶区中的低。

一年一味

普洱茶贮存年份与生化成分及感官品质的关系

第九章

不同产地不同贮存年份普洱熟茶香气的变化

普洱熟茶是以云南大叶种晒青茶为原料，经后发酵加工形成的茶叶。后发酵是指在微生物、热、微生物自身的物质代谢和酶等共同作用下，促进晒青茶内含物质发生氧化、降解、分解、转化、聚合、缩合等变化，塑造普洱熟茶特有品质风味的工序。“陈香”是普洱熟茶典型的香气特征，甲氧基苯类被认为是普洱熟茶风味特征的主要贡献者，其单独为“陈旧的气味”或“霉味”，但与其他呈“木香”“花香”“果香”“甜香”属性的香气成分相互作用后可形成协调愉悦，具有独特魅力的香气特点。为了让广大普洱熟茶爱好者和从业人员更清晰地理解普洱熟茶的香气本质，本章基于团队的研究结果，对不同产地不同贮存年份普洱熟茶香气成分特征作详细介绍。

一、茶样及分析方法

研究以产自西双版纳勐海、临沧双江、普洱澜沧和德宏芒市4个茶区的2010年、2015年和2020年的共12份普洱熟茶为供试样；采用顶空固相微萃取-气相色谱-质谱联用（Headspace solid phase microextraction-gas chromatography-mass spectrometry，HS-SPME-GC-MS）技术分析香气成分，并对茶样进行感官评定，结合多元统计分析方法，从产地和贮存年份两个维度对普洱熟茶的香气成分进行综合分析，具体茶样信息如表9-1和图9-1（只展示了2010年茶样的图片）所示。

表9-1　茶样信息

产品编号	产地	产品名称	贮存年份/年	规格/g	来源
D2010	德宏芒市	德凤金芽	13	400	云南德凤茶业有限公司
D2015	德宏芒市	德凤金芽	8	400	云南德凤茶业有限公司
D2020	德宏芒市	德凤金芽	3	400	云南德凤茶业有限公司
L2010	临沧双江	木叶醇	13	400	云南戎氏永德茶叶有限责任公司
L2015	临沧双江	木叶醇	8	400	云南戎氏永德茶叶有限责任公司

续表9-1

产品编号	产地	产品名称	贮存年份/年	规格/g	来源
L2020	临沧双江	木叶醇	3	400	云南戎氏永德茶叶有限责任公司
X2010	西双版纳勐海	号级普洱熟茶	13	357	云南六大茶山茶业股份有限公司
X2015	西双版纳勐海	号级普洱熟茶	8	357	云南六大茶山茶业股份有限公司
X2020	西双版纳勐海	号级普洱熟茶	3	357	云南六大茶山茶业股份有限公司
P2010	普洱澜沧	0081	13	357	澜沧古茶有限公司
P2015	普洱澜沧	0081	8	357	澜沧古茶有限公司
P2020	普洱澜沧	0081	3	357	澜沧古茶有限公司

编号说明：D、L、X、P分别表示产地为德宏、临沧、西双版纳、普洱；2010、2015和2020表示生产年份。

德凤金芽普洱熟茶　　戎氏木叶醇普洱熟茶

六大茶山号级普洱熟茶　　澜沧古茶0081普洱熟茶

图9-1　茶样外观（2010年）

二、不同产地不同贮存年份普洱熟茶香气感官审评结果及品质评价

表9-2是不同产地不同贮存年份的12份普洱熟茶的感官审评结果，图9-2是2010年、2015年和2020年三个年份的普洱熟茶的汤色感官品质（以六大茶山茶业股份有限公司号级普洱熟茶为例）。如表 9-2所示，12份普洱熟茶的香气感官审评综合得分都在90分以上，整体较好；香气的主要特征以“陈香”为主，带有花香、果香、甜香、木香等特性。从贮存时间维度来看，随着贮存时间的延长呈陈香浓郁增强，花果香呈减弱的趋势；根据感官审评结果，将香气特征制成雷达图[*33]（图9-3），从雷达图可以看出，德宏芒市的普洱熟茶主要以陈香、花香、果香、木香为主（图9-3A）；临沧双江的普洱熟茶和西双版纳勐海的普洱熟茶以主要以陈香、花香、果香为主（图9-3B、图9-3C）；普洱澜沧的普洱熟茶以陈香为主，呈花香、果香、甜香交融的特点（图9-3D）。

注释

*33 雷达图的数值表示某一供试样的某一香气特征分值，分值越高表示该供试样的某一香气特征越明显。

2010年茶样

2015年茶样

2020年茶样

图9-2　汤色感官品质

表9-2 不同产地不同贮存时间普洱熟茶香气的感官审评结果

产品编号	产品名称	贮存时间/a	香气感官品质	评分
D2010	德凤金芽	13	陈香浓郁，花果香显露带木香	90.33
D2015	德凤金芽	8	陈香浓郁持久，花香果香显带木香、甜香	91.05
D2020	德凤金芽	3	花果香浓郁持久，陈香显露稍带木香	90.24
L2010	木叶醇	13	陈香浓郁持久，果香浓带花香	91.36
L2015	木叶醇	8	陈香浓郁持久，花果香显	91.24
L2020	木叶醇	3	花香显露带果香、陈香，带异杂味	90.78
X2010	号级普洱熟茶	13	花果香浓郁持久，陈香带果香、甜香	90.54
X2015	号级普洱熟茶	8	陈香显露，花果香浓郁持久，稍带蜜香、甜香	91.00
X2020	号级普洱熟茶	3	陈香较浓，带花香甜香，稍带奶香	90.72
P2010	0081	13	陈香馥郁持久，花果香、甜香显露，带奶香、蜡质香	91.44
P2015	0081	8	陈香馥郁尚持久，果香、甜香交融	92.06
P2020	0081	3	陈香馥郁，花果香显露，带木香，稍带异味	90.04

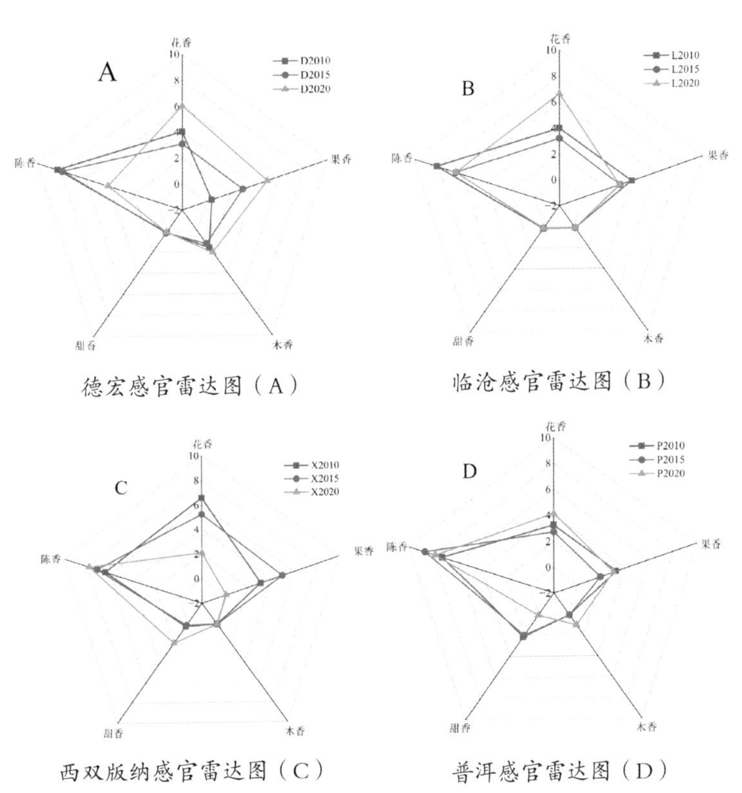

图9-3 不同产地不同贮存时间普洱熟茶香气感官审评雷达图

三、不同产地不同贮存年份普洱熟茶香气成分及类型

12份普洱熟茶中共分析鉴定出142种香气成分，根据化合物主要官能团的不同可将检测到的香气成分分为8大类，包括醇类（花果香、木香属性）化合物23种、酮类（紫罗兰香、木香、果香）化合物25种、醛类（清香、焦香、木香、花香）化合物25种、酯类（果香）化合物16种、酸类（蜡质香、异味）化合物6种、碳氢类化合物8种、甲氧基苯类（陈香）化合物12种以及包含呋喃类化合物、酚类化合物、咖啡因等的其他类香气成分27种。不同类型香气化合物的占比按高低排列，分别是甲氧基苯类化合物，其占香气成分总量的25.46～57.77%，其余的依次为醇类（12.26%～26.37%）、醛类（6.38%～16.82%）、酮类（5.50%～18.63%）、其他类（4.67%～18.71%）、酯类（1.36%～9.29%）、酸类（0.53%～8.94%）和碳氢类（0.33%～1.80%），从产地和贮存时间与甲氧基苯类和醇类两大主要香气成分*34含量的变化来看，普洱澜沧和临沧双江普洱熟茶样中的甲氧基苯类化合物含量最高，且随贮存时间的延长，呈增加的趋势，如与贮存时间3年（2020年生产）的澜沧普洱熟茶中的甲氧基苯类含量的856.8μg/kg相比，贮存时间为8年（2015年生产）的普洱熟茶中的含量增加到961.5μg/kg，贮存时间为13年（2010年生产）的普洱熟茶中的含量更是达到1601.4μg/kg。与之相反，醇类化合物则呈下降趋势，如与贮存时间3年（2020年生产）的澜沧普洱熟茶中的醇类含量的887.3μg/kg相比，贮存时间为8年（2015年生产）和13年（2010年生产）的普洱熟茶中的含量分别降至350.4μg/kg和420.8μg/kg。德宏芒市和西双版纳勐海普洱熟茶中甲氧基苯类化合物的含量介于普洱澜沧和临沧双江两地的普洱熟茶之间，且贮存时间对德宏芒市和西双版纳勐海普洱熟茶中

注释。

*34 构成普洱熟茶陈香、花香和木香属性的主要香气。

甲氧基苯类化合物含量的影响不大，但是，对醇类化合物含量的影响较大，即醇类化合物随贮存时间延长呈上升的趋势，这一研究结果也在一定程度上说明了感官审评结果中德宏芒市和西双版纳勐海供试样花果香馥郁的香气品质特征。上述结果同时也说明了除贮存时间外，产地原料、加工技术和贮存环境同样也会对普洱熟茶香气的变化带来直接的影响。

四、不同产地不同贮存年份普洱熟茶差异香气成分OAV分析

香气成分含量的高低并不能作为判断茶叶香气特征的依据，香气物质对整体香味的贡献度主要取决于其含量和阈值，可由香气活性值（odor activity value，OAV）表征，通常赋予茶叶香气特征的是具有较高OAV的香气成分。OAV是香气化合物质量浓度与阈值的比值，可以评价单个香气对整体风味的贡献度。一般认为OAV＞1时该香气组分对茶叶香气具有一定的影响性，OAV＞10时认为该香气组分对茶叶整体香气贡献极大。研究团队通过查阅相关书籍和文献报道对香气成分阈值和类型的描述，计算12份普洱熟茶差异香气成分的OAV，结果如表9-3所示，共有15种香气成分OAV＞1，认为这些差异香气成分对判别不同产地普洱熟茶的香气特征具有重要作用。其中，（E,Z)-2,6-壬二烯醛（紫罗兰香、黄瓜香）、E-2-壬烯醛（花香）、1,2,3-三甲氧基苯（陈香）三种香气成分的OAV均高于100，认为这3种香气物质是普洱熟茶的关键香气成分。

从表9-3还可看出，OAV＞1的15种香气成分在不同产地不同贮存时间的普洱熟茶中的数量不同，但OAV较高的香气成分基本一致，主要以（E,Z）-2,6-壬二烯醛、E-2-壬烯醛、β-紫罗兰酮（雪松、花香、覆盆子）、α-紫罗兰酮（甜香、紫罗兰花香、果香）、1,2,4-三甲氧基苯（陈香）、

1,2,3-三甲氧基苯（陈香）等为主，可以认为上述几种香气物质是构成不同产地不同贮存时间的普洱熟茶的主体香气成分。另外，2-乙基己醇（柑橘，甜香）仅在临沧双江的普洱熟茶和四个不同产地2010年的普洱熟茶中OAV>1，可以作为判别临沧产区和其他产区普洱熟茶香气特征的化合物之一，也可以作为区分普洱熟茶贮存与否或贮存时间长短的物质之一；正辛醛（似甜橙、蜜香）仅在普洱澜沧的两个贮存年份中OAV>1，可以作为判别普洱澜沧和其他三个产区普洱熟茶香气特征的化合物之一；α-紫罗兰酮在临沧双江的三个普洱茶中OAV>100，在西双版纳勐海的两个普洱茶中OAV>10，而在德宏芒市和普洱澜沧的供试样中未检测出或其OAV<1，因此，α-紫罗兰酮也可以作为判别不同产地普洱熟茶香气特征的化合物之一。同时，通过研究发现仲辛醇、6-甲基-5-庚烯-2-酮、乙酰丁香酮、异丙基苯、1,2-二甲氧基-4-N-丙烯基苯等8种化合物为德宏芒市熟茶的特有香气成分；（-）-4-萜品醇、辛酸、2-羟基-4甲基苯甲醛2种化合物为临沧双江熟茶的特有香气成分；3,5,5-三甲基环己醇、金合欢基乙醛、十六烷基二甲基叔胺等14种化合物为普洱澜沧熟茶的特有香气成分；苯甲醇、2-庚酮、茶香酮、肉豆蔻酸甲酯、1-烯丙基-2-甲苯等13种化合物为西双版纳勐海熟茶的特有香气成分，这些香气成分可以作为判别不同产地普洱熟茶香气特征的参考物质。

表9-3　OAV＞1的15种香气成分在不同产地不同贮存时间普洱熟茶中的数量

编号	CAS号	化合物名称	阈值（μg/kg）	OAV												香气描述
				德宏熟茶			临沧熟茶			西双版纳熟茶			普洱熟茶			
				D2020	D2015	D2010	L2020	L2015	L2010	X2020	X2015	X2010	P2020	P2015	P2010	
1	6728-31-0	Z-4-庚烯醛	0.06	21	—	—	102.83	61.5	—	—	36.17	75.5	—	—	54.33	干奶酪香
2	104-76-7	2-乙基己醇	13	—	—	1.02	1.2	1.2	1.34	—	—	2.67	—	—	1.67	柑橘，甜香
3	78-70-6	芳樟醇	1.5	7.27	6.42	6.31	32.88	8.37	1.59	4.43	10.15	12.95	15.07	8.93	26.11	花香、木香、甜香
4	124-19-6	壬醛	3.5	3.57	5.03	7.87	13.63	6.14	6.41	-	7.86	19.15	12.96	6.65	23.35	玫瑰花香、果香
5	557-48-2	(E,Z)-2,6-壬二烯醛	0.02	293	336.5	437.5	1723.5	817.5	117	284	459	696.5	826	314.5	837	紫罗兰香、黄瓜香
6	18829-56-6	E-2-壬烯醛	0.065	138.92	174.31	326.15	520	342.62	443.69	112.46	236.46	239.08	49.08	209.54	512.77	花香
7	112-31-2	癸醛	5	1.52	4.54	3.64	—	2.24	4.95	—	2.89	7.13	5.52	—	16.27	柑橘香
8	3796-70-1	香叶基丙酮	10	0.99	1.12	2	3.65	1.85	3.22	—	—	—	2.77	—	2.17	清香、花香
9	14901-07-6	β-紫罗兰酮	0.461	16.1	12.65	18.52	—	—	145.9	33.82	82.08	—	98.57	—	7.94	雪松、花香、覆盆子
10	124-13-0	正辛醛	7.5	—	—	—	1.49	—	—	—	—	2.35	1.12	—	3.04	似甜橙、蜜香
11	127-41-3	α-紫罗兰酮	0.1	—	—	—	270.1	134.1	236.9	16.3	218.2	—	—	—	—	甜香、紫罗兰花香、果香
12	10482-56-1	α-松油醇	4.6	13.71	11.28	12.13	60.79	17.78	21.19	3.57	5.75	15.8	25.13	14.87	3.56	木香
13	135-77-3	1,2,4-三甲氧基苯	3.06	10.9	12.49	27.95	36.92	45.94	76.38	4.41	15.35	19.04	88.12	120.22	276.7	陈香
14	634-36-6	1,2,3-三甲氧基苯	0.75	203.57	276.68	363.17	927.59	1013.23	1663.51	359.96	515.13	820.49	1128.95	359.55	490.51	陈香
15	17092-92-1	二氢猕猴桃内酯	2.1	8.64	14.91	21.26	87.38	3.95	64.85	10.9	12.38	39.24	5.83	19.57	55.63	甜香、奶香

参考文献:

[1] WANG C, LI J, WU X, et al. Pu-erh tea unique aroma: Volatile components, evaluation methods and metabolic mechanism of key odor-active compounds[J]. Trends in Food Science & Technology, 2022,124: 25-37.

[2] YANG Y, RONG Y, LIU F, et al. Rapid characterization of the volatile profiles in Pu-erh tea by gas phase electronic nose and microchamber/thermal extractor combined with TD-GC-MS[J]. J Food Sci, 2021,86(6): 2358-2373.

[3] CHEN X, CHEN D, JIANG H, et al. Aroma characterization of Hanzhong black tea (Camellia sinensis) using solid phase extraction coupled with gas chromatography-mass spectrometry and olfactometry and sensory analysis[J]. Food Chemistry, 2019,274: 130-136.

一年一味
普洱茶贮存年份与生化成分及感官品质的关系

第十章

不同贮存年份普洱茶的感官品质特点

茶叶感观审评是指按照规定的审评程序，依照专业审评人员正常视觉、嗅觉、味觉和触觉审查评定茶叶色、香、味、形等构成茶叶品质的特征，以确定茶叶的等级和商品价值。茶叶审评主要涉及茶叶贸易、加工，并对茶叶生产起到重要的指导意义，是目前科学评定茶叶感官品质的常用方法。为了让读者花较短时间了解茶叶感观审评的基本知识，并在日常的茶事活动中应用茶叶审评的知识正确评价茶叶的感官品质特点，本章对茶叶感观审评中所涉及到的审评用具、茶叶品质鉴评的步骤及因子、评分标准等做个简明扼要的介绍，在此基础上对不同贮存年份普洱茶的感官品质特点进行分析，目的是让读者对普洱茶的年份品质特点有个清晰的认识。

第一节 茶叶感观审评基础知识

一、茶叶审评用具

1. 茶样盘/审评盘（图10–1）：用于审评干茶的外形、方便扞取样品的用具。

图10–1 茶样盘

2.审评杯、碗（图10-2）：用于评定内质。容量有110mL、150mL、250mL三种规格。

图10-2　审评杯、碗

3. 品杯和茶匙（图10-3）：品杯用于盛放待评的茶汤，茶匙一般为白瓷，容量10mL，用以取茶汤。

图10-3　品杯和茶匙

4. 样茶秤（图10–4）：称样用，小型粗天平。

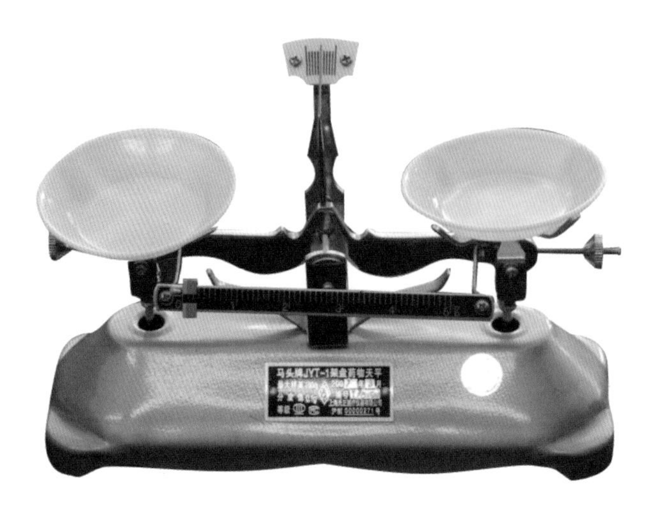

图10–4　样茶秤

5. 定时钟：用以计时，如砂时计（图10–5）、计时器等。

图10–5　砂时计

6. 网匙：铜丝网制成，用以捞取审评碗中的茶渣。

7. 叶底盘（图10-6）：放置冲泡后的叶底，评定叶底用，木质黑色，规格为边长10cm，高2cm。

8. 吐茶筒（图10-7）：用以吐茶、盛废水、茶渣。

图10-6　叶底盘

图10-7　吐茶筒

9. 烧水壶（图10-8）：用以烧水。

图10-8　烧水壶

二、茶叶品质鉴评的步骤及因子

按照把盘→评外形→称样→开汤→计时→过滤→看汤色→嗅香气→尝滋味→评叶底的步骤进行。

1. 把盘

这是审评外形的第一步。目的：通过反复“筛”“收”等动作，使样茶盘里茶样按照轻重、大小、长短、粗细有次序地分布，分出上、中、下三层。

图10-9 把盘

2. 评外形（四因子）

形状：条索/卷曲/颗粒；显毫性、松紧、肥瘦、轻重；紧压茶尤其是普洱生茶，撬散后条索需保持稍紧结、重实、色泽油润的特点，这是一饼（砖、沱）普洱茶外形合格的标志，如出现茶叶粗松、轻飘，一般是品质较差的表现。

色泽：颜色类型与光泽整碎：三段茶的比例（老嫩、粗细、长短）。

净度：是否含茶类，如茶花、茶果或非茶类夹杂物等。

3. 开汤

俗称泡茶或沏茶，是内质审评的第一步。称取一定数量的茶叶放入审评杯，注入沸水，计时，过滤于审评碗里，对其进行内质评定的过程称为开汤（图10–10）。

图10–10　开汤

4. 茶水比和冲泡时间

茶水比一般为1∶50（3g，150mL），冲泡时间因茶类区别设定，如红茶、绿茶、白茶和黄茶的冲泡时间为5min。其他茶类的茶水比和冲泡时间可按照中华人民共和国国家标准——《茶叶感官审评方法》（GB/T 23776—2018）来确定。

5. 评内质（四因子）

看汤色：茶叶开汤后，茶叶水溶性物质溶解在沸水中的溶液所呈现的色彩，称为汤色，又称水色。评判类型、深浅、明暗、清浊等内质特点。

嗅香气：依靠嗅觉器官完成，正确判别茶叶香气的纯异、类型、高低、长短（持久性），嗅香一般重复多次。相对仓储年份较短的普洱茶生茶而言，香气清香为主或带有甜香，有的地区的新茶也会以花香为主，香气大都比较醇酽而高长。

尝滋味：依靠味觉器官完成，茶汤入口后，应在舌面回旋2次（3～4s），使舌面充分接触茶汤。评判浓淡、强弱、鲜滞、纯异、爽涩等内质特点。

评叶底：茶叶经冲泡后的茶渣，通过触觉和视觉完成对叶底的评定。将叶底拌匀、摊开、按平，观察其嫩度（软硬、厚薄）、匀度、色泽、整碎，有无掺杂、采摘节气等做出一定的判断。

三、评分标准

首先对茶样品进行编号，注明其品类、地域和级别等信息，为做到公平评分和正确评价一款茶叶，审评一般采取集体、盲评的方式进行，审评和评分完成后要注明审评人和审评日期等信息，如审评时对用水有要求的，还需注明审评用水品牌及水质情况。中华人民共和国国家标准——《茶叶感官审评方法》（GB/T 23776—2018）里对不同茶类的品质评语和对各因子的评分不尽相同。本章为突出普洱茶，紧扣本书的内容，只对紧压茶的品质评语和对各品质因子的评分，以及结果的计算做了简单说明（表10–1）。

表10–1 紧压茶品质评语和各品质因子评分表

因子	级别	品质特征	给分（分）	评分系数
外形（A）	甲	形状完全符合规格要求，松紧度适中，表面平整	90 ~ 99	20%（a）
	乙	形状符合规格要求，松紧度适中，表面尚平整	80 ~ 89	
	丙	形状基本符合规格要求，松紧度较适中	70 ~ 79	
汤色（B）	甲	色泽依茶类不同，明亮	90 ~ 99	10%（b）
	乙	色泽依茶类不同，尚明亮	80 ~ 89	
	丙	色泽依茶类不同，欠亮或浑浊	70 ~ 79	
香气（C）	甲	香气纯正，高爽，无异杂气味	90 ~ 99	30%（c）
	乙	香气尚纯正，无异杂气味	80 ~ 89	
	丙	香气尚纯，有烟气，微粗等	70 ~ 79	
滋味（D）	甲	醇厚，有回味	90 ~ 99	35%（d）
	乙	醇和	80 ~ 89	
	丙	尚醇和	70 ~ 79	
叶底（E）	甲	黄褐或黑褐，匀齐	90 ~ 99	5%（e）
	乙	黄褐或黑褐，尚匀齐	80 ~ 89	
	丙	黄褐或黑褐，欠匀齐	70 ~ 79	

结果计算：$Y=\mathrm{A}\times a+\mathrm{B}\times b+\cdots\mathrm{E}\times e$

式中：

Y ——表示审评总得分；

A、B…E ——表示各品质因子的审评得分；

a、$b\cdots e$ ——表示各品质因子的评分系数。

引自：中华人民共和国国家标准——《茶叶感官审评方法》（GB/T 23776—2018）。

第二节 不同贮存年份普洱茶的感官品质变化

普洱茶的核心价值和理论基础是“越陈越香”，其中“陈”是时间概念，“香”是品质概念。“香”不是单指香气，越陈越香的“香”是指好的普洱茶会随着时间的推移品质会越来越好，口感会变得更加醇和，品饮价值更高。但是，饮品都是有最佳品饮期的。过了最佳品饮期，品饮价值就会慢慢下降。当然，这还要参考存放环境，所以，作为饮品的普洱茶也不是会无限期的“越陈越香”。编著者的研究团队为了正确把握和让消费者在感官上认知不同贮存年份普洱茶感官品质的变化规律，选取云南德凤茶业有限公司生产的2013—2020年共8个年份的德凤官寨普洱生茶（图10–11）和由云南双江勐库戎氏茶叶有限责任公司生产提供的2007年、2009年、2011年、2013年和2015年共5个普洱熟茶为审评茶样，邀请云南农业大学二级教授、普洱茶学院原院长邵宛芳教授（图10–12）等专家对茶样进行了细致的审评，并给出了公正的评价。

一、不同贮存年份普洱生茶审评结果与品质评价

依据中华人民共和国国家标准——《茶叶感官审评方法》（GB/T 23776—2018）中紧压茶的评审标准，从外形、汤色、香气、滋味、叶底等几个方面对茶样来进行审评，并最终给出了结果，结果见图10–13和表10–2。通过图和表可知，随着贮存年份的延长普洱生茶外形色泽整体呈墨绿—绿黄—褐黄的变化趋势，内质香气整体呈清香馥郁—清香纯正—陈香的变化趋势，茶汤色泽整体呈黄绿—黄绿明亮—黄亮—绿黄尚亮的变

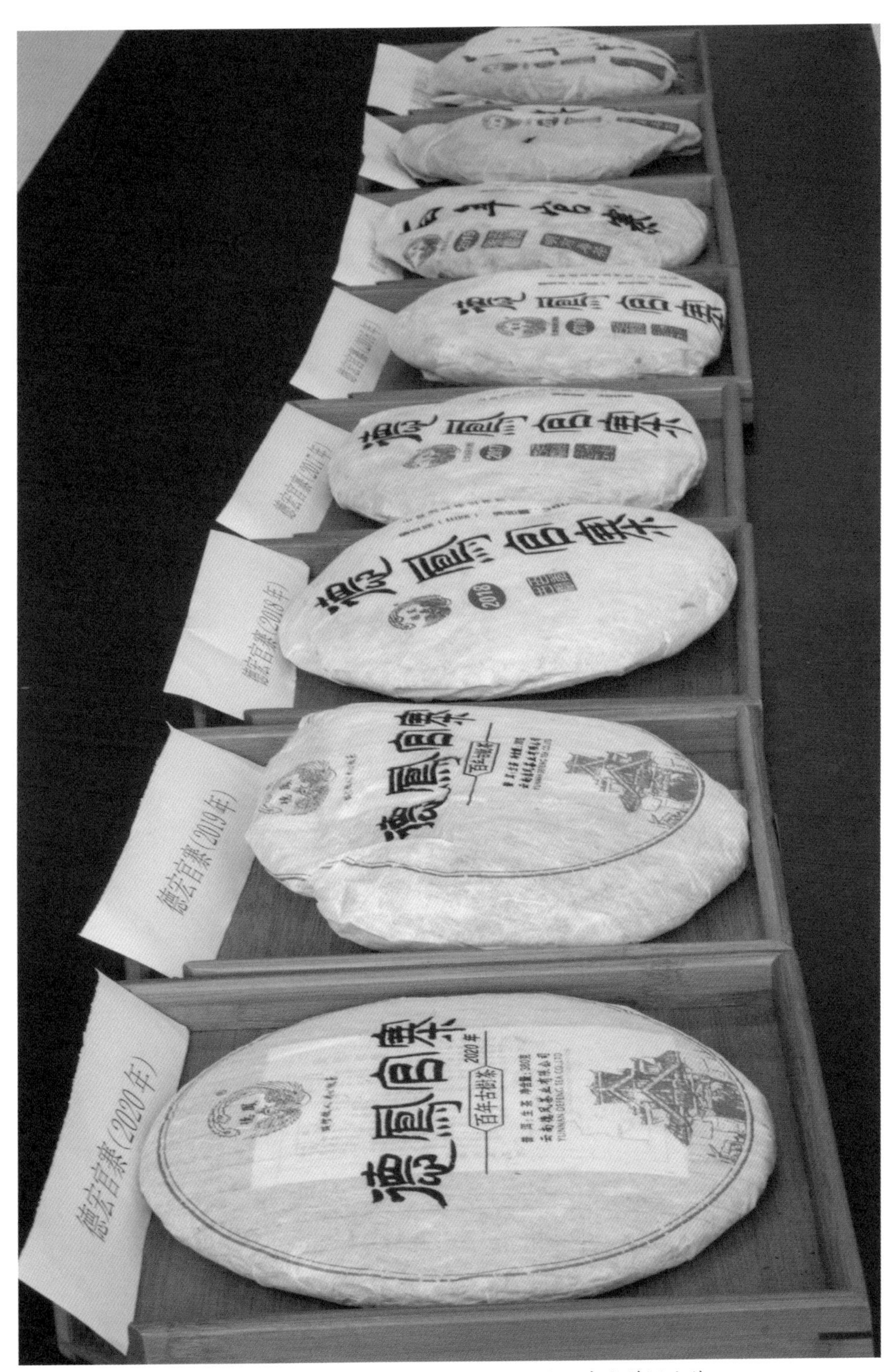

图10-11　2013—2020年共8个年份的德凤官寨普洱生茶

图10-12 审评会现场

化趋势，滋味整体呈鲜醇回甘—浓醇回甘—浓醇回甘生津—浓醇回甘的变化趋势，叶底呈绿—黄绿—绿黄的变化趋势。说明普洱生茶随着贮存年份的延长其整体风味品质是从接近于绿茶向普洱茶“越陈越香”品质方向发展的。其中，外形色泽从墨绿向褐黄转变，汤色从黄绿向黄亮转变，叶底从绿色向绿黄的转变，原因可能是在普洱生茶的贮存过程中，茶多酚类物质（如儿茶素、黄酮等）受到贮存环境的温度、空气中的氧气和空气湿度等外界环境的影响，发生自动氧化、降解、聚合、缩合等过程，生成各种有色物质。滋味从鲜醇回甘向浓醇回甘生津转变的可能原因是普洱生茶经过一定时间的存放后会导致茶多酚含量的减少，而茶多酚含量的减少，特别是酯型儿茶素（复杂儿茶素）的减少减轻了普洱生茶的苦涩味、收敛性，同时，提高了醇度和口感的甜润度。

从审评结果还可以看到，无论是内质汤色、滋味都是2014年（贮存时间7年）、2015年（贮存时间6年）的最好，这一点与我们根据贮存时间与生化成分变化所得出的结论一致

（参考：第二章至第四章的研究结果），说明普洱茶感官品质的变化是生化成分变化的外在表现。

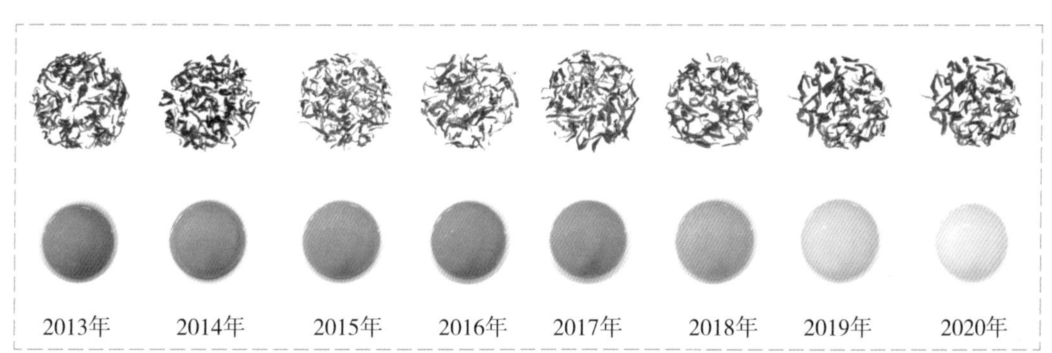

图10-13 不同贮存年份普洱生茶汤色和干茶色泽的变化情况

表10-2 不同贮存年份普洱生茶感官审评记录表

审评日期：2020年7月19日

样品名	外形	汤色	香气	滋味	叶底
2013年德凤官寨	饼型端正，褐黄肥壮显毫	绿黄尚亮	略带陈香	浓醇回甘	绿黄，柔软
2014年德凤官寨	饼型端正，较褐黄肥壮显毫	黄亮	清香纯正	浓醇回甘生津	绿黄，柔软
2015年德凤官寨	饼型端正，绿黄肥壮显毫	黄亮	清香纯正	浓醇回甘生津	绿黄，嫩匀
2016年德凤官寨	饼型端正，绿黄显毫稍杂	绿黄明亮	清香纯正	浓醇回甘	绿黄，嫩匀
2017年德凤官寨	饼型端正，墨绿肥壮显毫	绿黄明亮	清香纯正	浓醇回甘生津	黄绿，嫩匀
2018年德凤官寨	饼型端正，墨绿油润，肥壮显毫	黄绿明亮	清香纯正	浓醇回甘	黄绿，嫩匀
2019年德凤官寨	饼型端正，墨绿油润，肥壮显毫	黄绿	清香纯正	鲜醇回甘	绿，嫩匀
2020年德凤官寨	饼型端正，墨绿油润，肥壮显毫	黄绿	清香馥郁	鲜醇回甘	绿，嫩匀

二、不同贮存年份普洱熟茶审评结果与品质评价

编著团队仍然根据中华人民共和国国家标准——《茶叶感官审评方法》（GB/T 23776—2018）中紧压茶的评审标准，从外形、汤色、香气、滋味、叶底等几个方面对由云南双江勐库戎氏茶叶有限责任公司生产提供的2007年、2009年、2011

年、2013年和2015年共5份普洱熟茶进行审评（隔年取样），并最终给出了结果，结果见图10-14和表10-3。从图和表可知，5个年份普洱熟茶审评样的外形和内质的感官品质没有出现显著的差异，但是，从汤色品质来看，贮存了7年和8年时间的2011年和2013年的茶样表现最好，这一点与第六章的色泽研究结果一致，即贮存时间为7～8年的普洱熟茶的明亮度、红度、黄度较佳，色泽会达到最佳。

表10-3 不同储存年份普洱熟茶感官审评记录表

审评日期：2021年3月21日

样品名	外形	汤色	香气	滋味	叶底
2007年戎氏	饼型端正，灰褐显毫	红，明亮	陈香持久	纯正平和	柔软，红褐油润
2009年戎氏	饼型端正，黑褐显毫	尚红，明亮	陈香带樟香、持久	纯正平和	柔软，红褐油润
2011年戎氏	饼型端正，灰褐显毫	红浓明亮	陈香持久	纯正平和	柔软，红褐油润
2013年戎氏	饼型端正，红褐显毫	褐红明亮	陈香持久	浓纯	柔软，红褐油润
2015年戎氏	饼型端正，红褐显毫	红，明亮	陈香持久	纯正平和	柔软，红褐油润

茶样说明：1. 贮存时间说明：熟茶审评是于2021年3月21日进行的，也就是说熟茶审评样的贮存时间距审评时间已分别到达6年（2015年茶样）、8年（2013年茶样）、10年（2011年茶样）、12年（2009年茶样）和13年（2007年茶样）。
2. 茶样选取说明：由于熟茶的感官品质在相邻年份之间差异不明显，所以审评时选取了隔年茶样。

图10-14　不同贮存年份普洱熟茶干茶、茶汤和叶底色泽的变化情况

参考文献

中华人民共和国国家标准——茶叶感官审评方法（GB/T 22111—2018）.

第十一章

不同贮存年份普洱茶体外抗氧化活性

和所有茶叶一样，普洱茶的首要功能是抗氧化，普洱茶所具有的抗癌、抗突变、降血脂、防护心血管疾病、增强机体免疫力、改善动脉粥样硬化、减肥美容等多种药理活性均与其抗氧化活性相关。目前，有学者针对不同类型的茶叶抗氧化功能开展了大量研究。在普洱茶的研究领域，也有学者对不同发酵程度普洱熟茶抗氧化活性方面进行了探索。本章以著者研究团队用不同贮存年份的普洱茶为供试茶样开展的体外抗氧化活性的研究结果为主线，结合第二至第四章的研究结果，明确贮存年份不同的普洱茶成分的变化与抗氧化活性之间的相关性，旨在为普洱茶生产企业和普洱茶爱好者正确贮存或收藏普洱茶，正确处理品饮普洱茶的“口感、滋味”和“保健、健康”之间的关系提供数据支撑。

第一节 不同贮存年份的普洱生茶体外抗氧化活性

一、不同储存年份的普洱生茶对DPPH自由基的清除能力

以维生素C为阳性对照，测定了维生素C在不同浓度（0.2mg/mL、0.4mg/mL、0.6mg/mL、0.8mg/mL和1.0mg/mL）下对DPPH自由基的清除能力以及清除率达到50%时的对照浓度，记为IC_{50}值[*35]。从表11-1和图11-1中可分别看出，维生素C和不同贮存年份的普洱生茶水提物对DPPH自由基均表现出显著的清

注释

*35 IC_{50}值可以用来衡量药物诱导凋亡，此处可理解为普洱生茶水提物和维生素C的抗氧化能力，即诱导能力越强，该数值越低，当然也可以反向说明某种细胞对药物的耐受程度。

除效果，且量效呈线性关系，线性相关系数R^2值均大于0.95。根据标准曲线可知，维生素C的IC_{50}值为0.135mg/mL，10个不同贮存年份普洱生茶的IC_{50}值范围为：0.515mg（干茶）/mL~1.243mg（干茶）/mL。即维生素C和不同贮存年份的普洱生茶对DPPH自由基清除能力强弱的顺序为：2015年生茶>2014年生茶>2013年生茶>2012年生茶>2011年生茶>2010年生茶>2009年生茶>2008年生茶>2007年生茶>2006年生茶。简而言之，就是随着普洱生茶贮存年份的延长，对DPPH自由基的清除能力变弱。

表11-1 维生素C和不同年份普洱生茶对DPPH自由基的清除率

不同贮存年份的普洱生茶	回归方程	R^2	IC_{50}(mg/mL)
维生素C	$y = 12.130x + 48.360$	0.9980	0.135
2015年（贮存时间1年）	$y = 7.265x + 46.259$	0.9943	0.515
2014年（贮存时间2年）	$y = 6.930x + 46.158$	0.9955	0.554
2013年（贮存时间3年）	$y = 7.200x + 45.718$	0.9908	0.595
2012年（贮存时间4年）	$y = 7.475x + 45.253$	0.9941	0.635
2011年（贮存时间5年）	$y = 7.405x + 44.967$	0.9963	0.680
2010年（贮存时间6年）	$y = 7.130x + 44.802$	0.9915	0.729
2009年（贮存时间7年）	$y = 5.350x + 45.458$	0.9927	0.849
2008年（贮存时间8年）	$y = 6.925x + 43.583$	0.9903	0.927
2007年（贮存时间9年）	$y = 6.035x + 43.209$	0.9964	1.125
2006年（贮存时间10年）	$y = 5.350x + 43.348$	0.9954	1.243

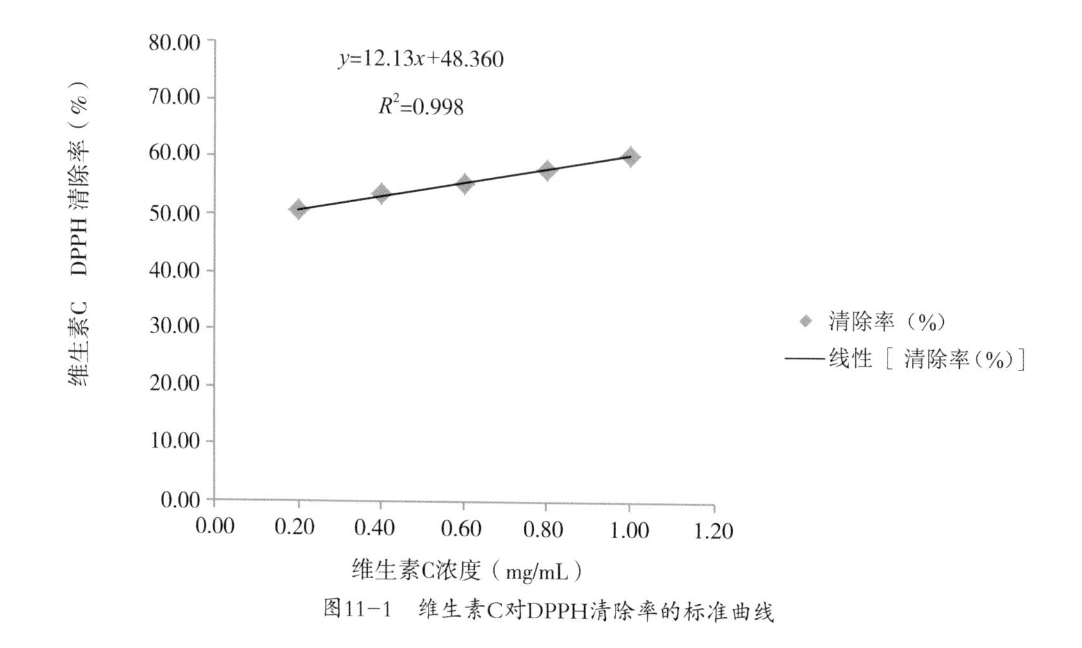

图11-1 维生素C对DPPH清除率的标准曲线

二、不同贮存年份普洱生茶对超氧（O^{2-}）自由基的清除能力

以维生素C为阳性对照，测定了维生素C在不同浓度（0.2mg/mL、0.4mg/mL、0.6mg/mL、0.8mg/mL和1.0mg/mL）下对超氧（O^{2-}）自由基的清除能力，并做出了维生素C对超氧（O^{2-}）自由基清除率的标准曲线如图11-2所示，维生素C对超氧（O^{2-}）自由基表现出显著的清除效果，且量效呈线性关系，线性相关系数R^2值均大于0.95。图11-3是10个不同贮存年份普洱生茶水提物为1.0mg干茶/mL时对超氧（O^{2-}）自由基的清除率。从图中可以看出，不同贮存年份的普洱生茶水提物为1.0mg干茶/mL时，其对超氧（O^{2-}）自由基的清除率的变化范围在17.01%~69.60%之间，且随贮存年份的增加而降低。根据标准曲线可知，当维生素C清除率为17.01%和69.60%时，浓度分别为0.026mg/mL和0.23mg/mL。即对超氧（O^{2-}）自由基的清除能力顺序为：2015年生茶>2014年生茶>2013年生茶>2012年生茶

>2011年生茶>2010年生茶>2009年生茶>2008年生茶>2007年生茶>2006年生茶。简而言之，就是随着普洱生茶储存年份的延长，对超氧（O^{2-}）自由基的清除能力减弱。

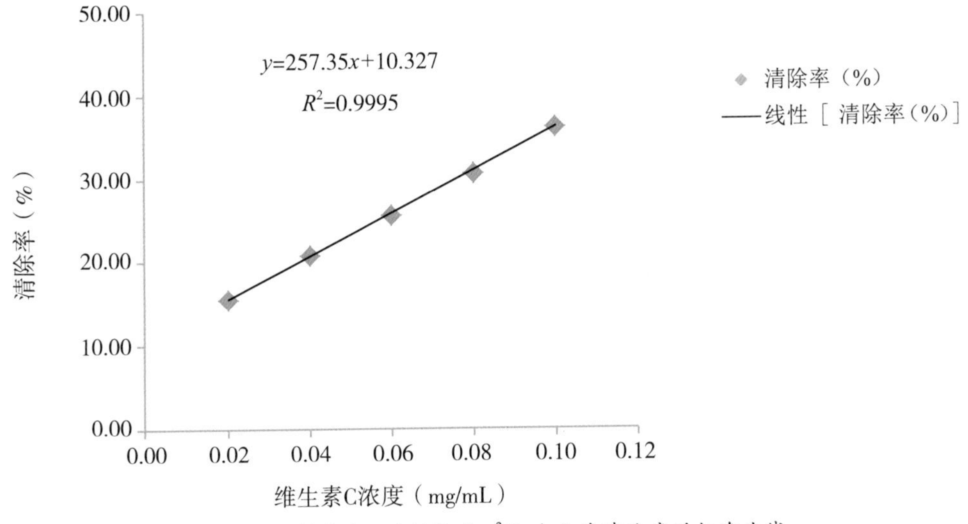

图11-2 维生素C对超氧（O^{2-}）自由基清除率的标准曲线

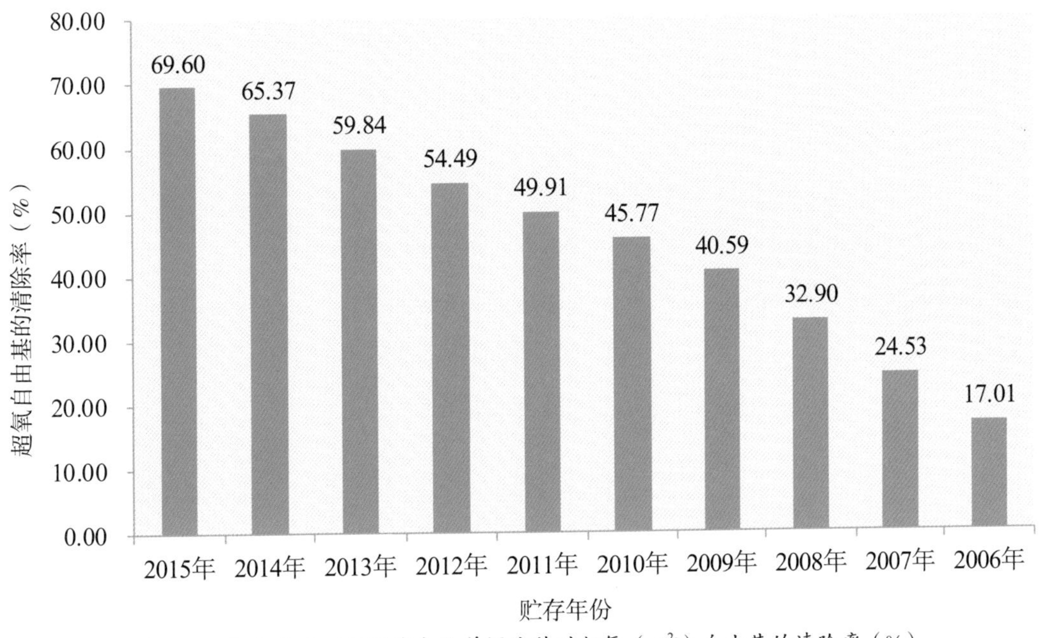

图11-3 相同浓度不同贮存年份普洱生茶对超氧（O^{2-}）自由基的清除率（%）

三、不同贮存年份普洱生茶对羟基（·OH）自由基的抑制能力

以维生素C为阳性对照，测定了维生素C在不同浓度（0.2mg/mL、0.4mg/mL、0.6mg/mL、0.8mg/mL和1.0 mg/mL）下对羟基（·OH）自由基的抑制能力，并作出了维生素C对羟基（·OH）自由基抑制能力的标准曲线如图11–4所示，维生素C对羟基（·OH）自由基的抑制能力表现出显著的效果，且量效呈线性关系，线性相关系数R^2值均大于0.95。图11–5是10个不同贮存年份普洱生茶水提物浓度为1.0mg干茶/mL时对羟基（·OH）自由基的抑制能力。从图中可以看出，不同贮存年份的普洱生茶水提物浓度为1.0mg干茶/mL时，其对羟基（·OH）自由基抑制能力的变化范围在39.41~48.15U/mg之间，且随贮存年份的增加呈降低的趋势。根据标准曲线可知，当维生素C的浓度同样为1.0mg/mL时，对羟基（·OH）自由基抑制能力达到218.29U/mg，将近所有普洱生茶供试样的6倍左右，说明普洱生茶对羟基（·OH）自由基的抑制能力远低于维生素C。维生素C和普洱生茶供试样对羟基（·OH）自由基抑制能力的顺序为：维生素C＞2015年生茶＞2014年生茶＞2013年生茶＞2012年生茶＞2011年生茶＞2010年生茶＞2009年生茶＞2008年生茶＞2007年生茶＞2006年生茶。表现出随着普洱生茶贮存年份的延长，对羟基（·OH）自由基抑制能力减弱的趋势，但是降低幅度较为平缓，说明普洱生茶贮存年份与抑制羟基（·OH）自由基的能力之间没有极显著相关性。

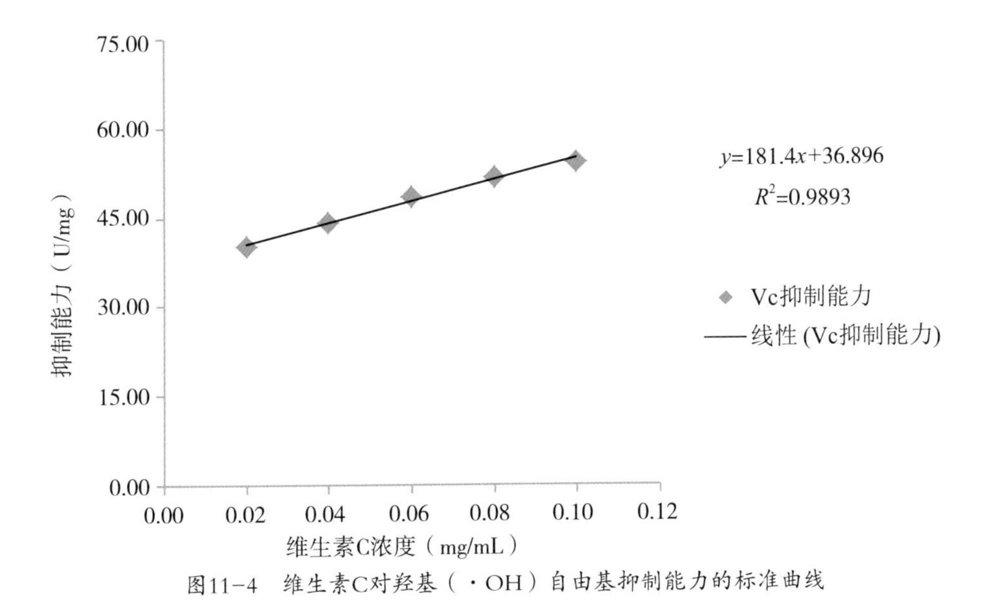

图11-4　维生素C对羟基（·OH）自由基抑制能力的标准曲线

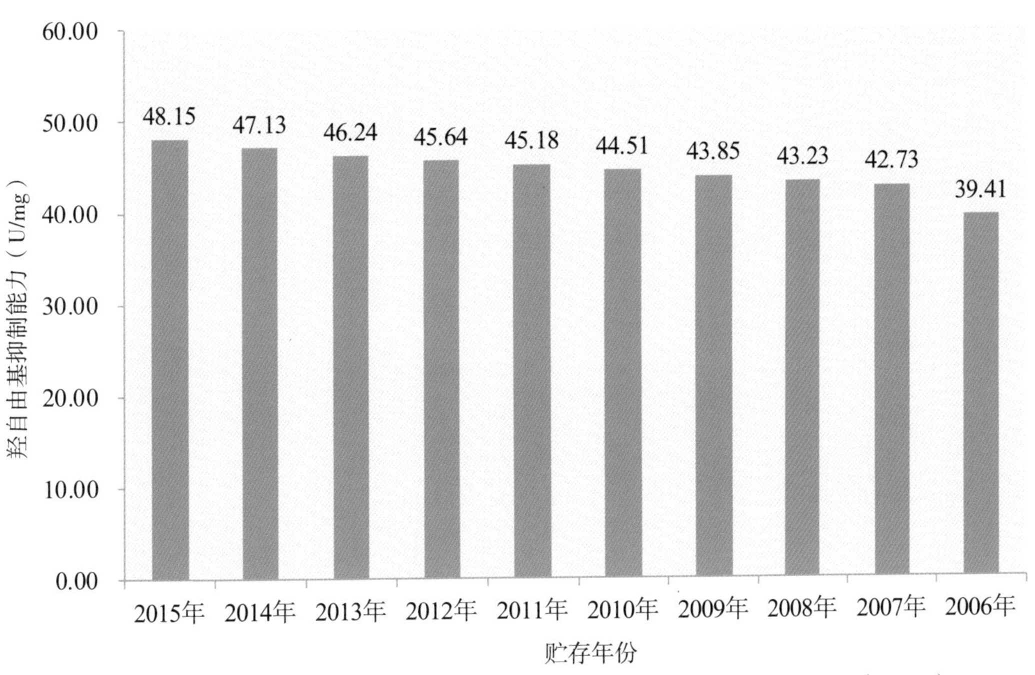

图11-5　相同浓度不同储存年份普洱生茶对羟基（·OH）自由基抑制能力（U/mg）

四、不同贮存年份普洱生茶的总抗氧化能力

以维生素C为阳性对照，测定了维生素C在不同浓度（0.2mg/mL、0.4mg/mL、0.6mg/mL、0.8mg/mL和1.0mg/mL）下的总抗氧化能力，并作出了维生素C总抗氧化能力的标准曲线如图11–6所示，维生素C的总抗氧化能力表现出显著的效果，且量效呈线性关系，线性相关系数R^2值均大于0.95。图11–7是10个不同贮存年份普洱生茶水提物为1.0mg（干茶）/mL时的总抗氧化能力。从图中可以看出，不同贮存年份的普洱生茶水提物浓度为1.0mg（干茶）/mL时，其的总抗氧化能力的变化范围在3.19~7.88U/mg之间，且随贮存年份的延长呈降低的趋势。根据标标准曲线可知，当维生素C的浓度同样为1.0mg/mL时，其总抗氧化能力达到29.41U/mg，将近茶样的4~10倍。即总抗氧化能力的强弱顺序为：2015年生茶＞2014年生茶＞2013年生茶＞2012年生茶＞2011年生茶＞2010年生茶＞2009年生茶＞2008年生茶＞2007年生茶＞2006年生茶。简而言之，就是随着普洱生茶贮存年份的延长，总抗氧化能力呈显著递减的趋势。

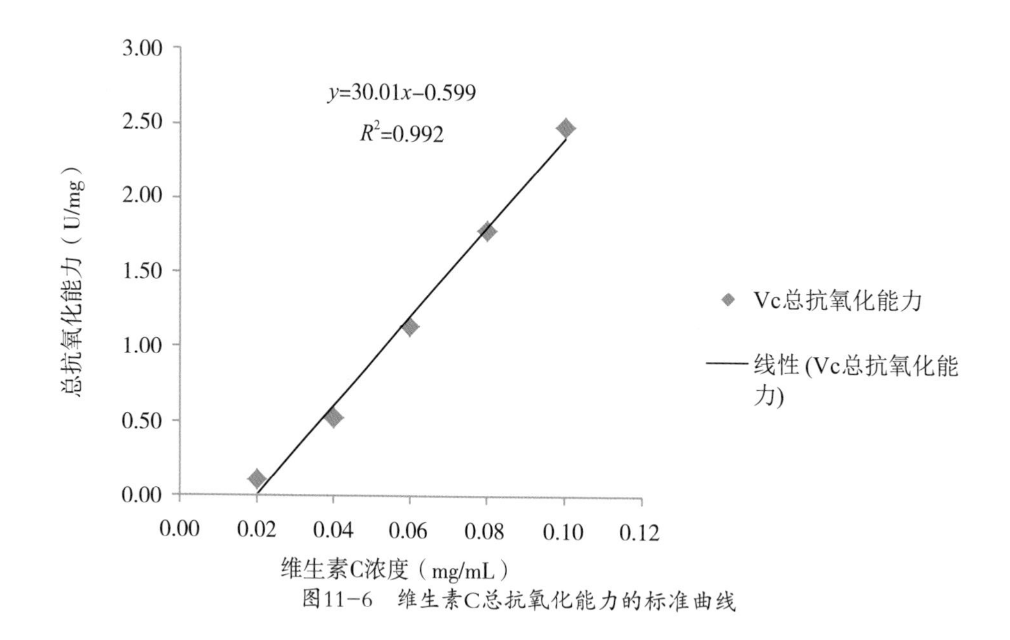

图11–6 维生素C总抗氧化能力的标准曲线

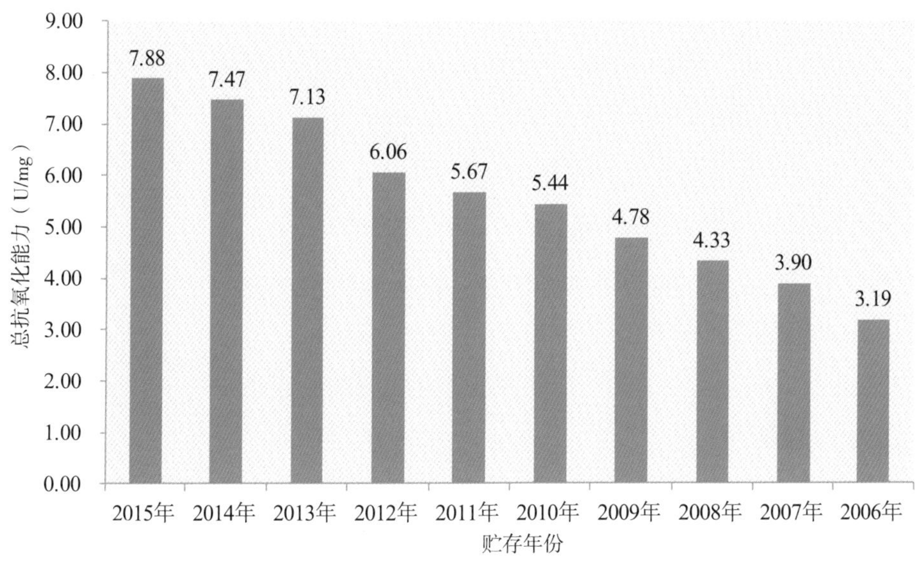

图11-7　相同浓度不同储存年份普洱生茶的总抗氧化能力

第二节　不同贮存年份普洱熟茶体外抗氧化活性

一、对DPPH自由基的清除能力

不同贮存年份普洱熟茶体外抗氧化活性的研究仍以维生素C为阳性对照，分别测定了维生素C在不同浓度（0.6μg/mL、1.2μg/mL、1.8μg/mL、2.4μg/mL、3.0μg/mL）下对DPPH自由基的清除能力，并由此得出维生素C对DPPH自由基清除率的标准曲线（限于篇幅省略标准曲线图），维生素C对DPPH自由基表现出显著的清除效果，且量效呈线性关系，线性相关系数R^2值大于0.99。研究结果表明，相同浓度的10个不同年份普洱熟茶水提物对DPPH自由基清除率的规律和普洱生茶的一致，即随着贮存时间的延长呈逐渐递减的趋势（图11-8），变化范围为：46.20%（2011年）~32.46%（2006年）。当维生素C浓度为2.3μg/mL时，维生素C清除DPPH的能力是相同浓度的2006年（贮存10年）普洱熟茶的2.54倍，是2011年（贮存1年）普洱熟茶的1.83倍。供试的普洱熟茶样对DPPH自由基的清除率排列顺序为：2011年熟茶＞2015年熟茶＞2010年熟茶＞2014年熟茶＞2013年熟茶＞2009年熟茶＞2012年熟茶＞2008年熟茶＞2007年熟茶＞2006年熟茶，表现出贮存年份越长，清除DPPH自由基的能力越弱的特点。

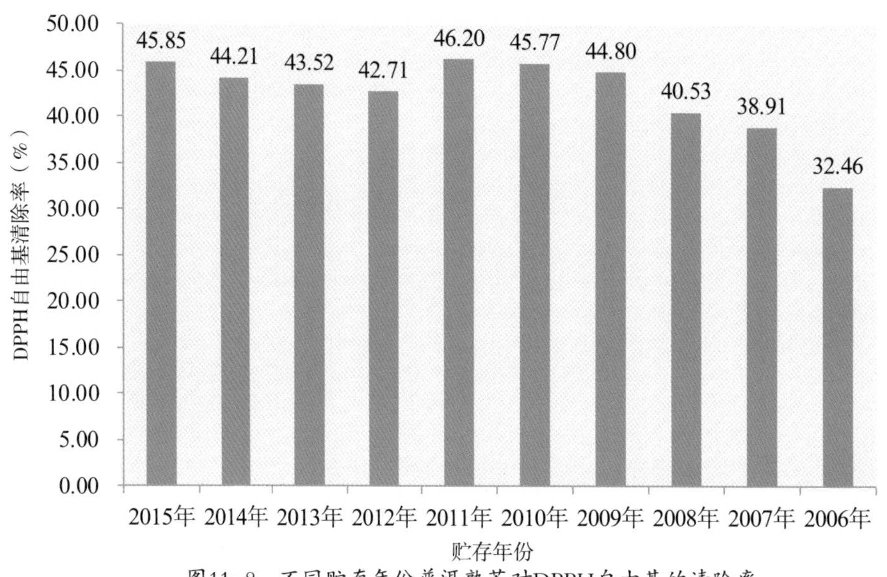

图11-8　不同贮存年份普洱熟茶对DPPH自由基的清除率

二、总抗氧化能力

研究以维生素C为阳性对照，测定了维生素C在不同浓度（0.03mg/mL、0.06mg/mL、0.09mg/mL、0.12mg/mL、0.15mg/mL）下的总抗氧化能力，并作出了维生素C总抗氧化能力的标准曲线（图省略），维生素C的总抗氧化能力表现出显著的效果，且量效呈线性关系，线性相关系数R^2值大于0.99。图11-9是10个年份普洱熟茶水提物浓度为0.23mg/mL时的总抗氧化能力。由图可知，随着贮存时间的延长，普洱熟茶总抗氧化能力呈逐渐递减的趋势，变化范围为：4.53U/mg（2015年）到3.00U/mg（2006年）。相同溶液浓度下，维生素C的总抗氧化能力是2006年（储存10年）普洱熟茶的3.05倍，是2015年（贮存1年）普洱熟茶的2.02倍。即普洱熟茶的总抗氧化能力强弱排列顺序为：2015年熟茶＞2014年熟茶＞2013年熟茶＞2012年熟茶＞2011年熟茶＞2010年熟茶＞2009年熟茶＞2008年熟茶＞2007年熟茶＞2006年熟茶。其变化规律和普洱生茶完全一致。

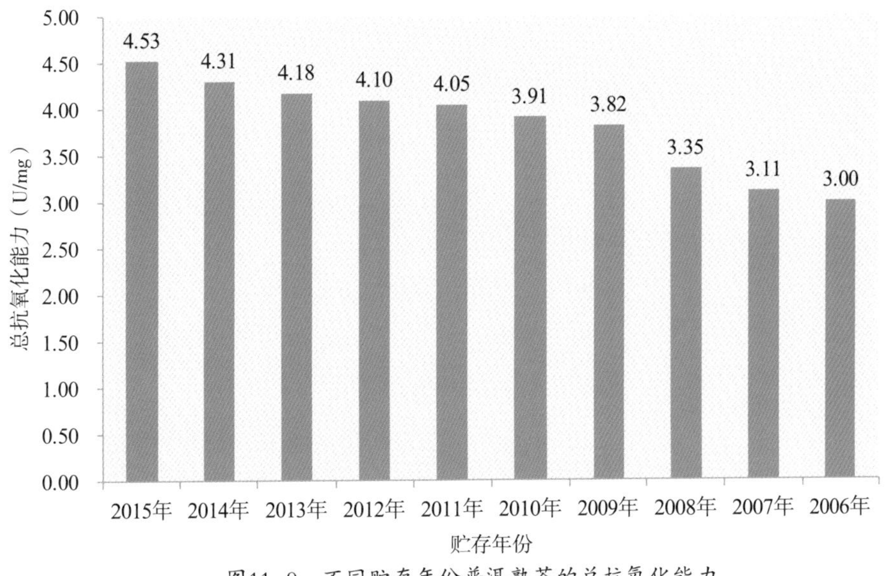

图11-9 不同贮存年份普洱熟茶的总抗氧化能力

三、对羟基（·OH）自由基的抑制能力

研究仍以维生素C为阳性对照，测定了维生素C在不同浓度（0.006mg/mL、0.012mg/mL、0.018mg/mL、0.024mg/mL、0.030mg/mL）下的对羟基（·OH）自由基的抑制能力，并做出维生素C

对羟基（·OH）自由基的抑制能力的标准曲线（图省略），维生素C对羟基（·OH）自由基的抑制能力表现出显著的效果，且量效呈线性关系，线性相关系数R^2值大于0.99。图11-10是10个年份普洱熟茶水提物浓度为0.23mg/mL时对羟基（·OH）自由基的抑制能力。由图可知，随着贮存时间的延长，普洱熟茶对羟基（·OH）自由基的抑制能力呈逐渐递减的趋势，变化范围为：48.45U/mg（2015年）到66.33U/mg（2006年）。根据标曲可知，相同溶液浓度下，维生素C对羟基（·OH）自由基的抑制能力是2006年（贮存10年）普洱熟茶的0.87倍，是2015年（贮存1年）普洱熟茶的0.63倍。即普洱熟茶对羟基（·OH）自由基的抑制能力强弱排列顺序为：2015年熟茶>2014年熟茶>2013年熟茶>2012年熟茶>2011年熟茶>2010年熟茶>2009年熟茶>2008年熟茶>2007年熟茶>2006年熟茶。其变化规律和普洱生茶完全一致。

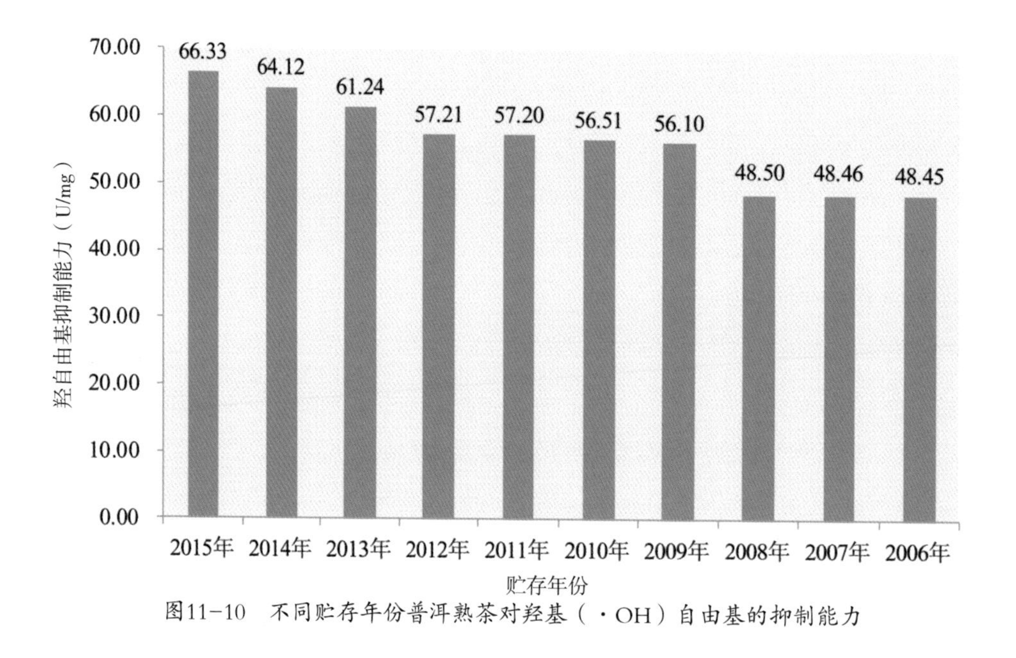

图11-10 不同贮存年份普洱熟茶对羟基（·OH）自由基的抑制能力

四、对超氧（O^{2-}）自由基的清除能力

研究仍以维生素C为阳性对照，测定了维生素C在不同浓

度（0.006mg/mL、0.012mg/mL、0.018mg/mL、0.024mg/mL、0.030mg/mL）下的对超氧（O^{2-}）自由基的清除能力，并作出了维生素C对超氧（O^{2-}）自由基的清除能力的标准曲线（图省略），维生素C对超氧（O^{2-}）自由基的清除能力表现出显著的效果，且量效呈线性关系，线性相关系数R^2值大于0.99。图11-11是10个年份普洱熟茶水提物浓度为0.23mg/mL时对超氧（O^{2-}）自由基的清除能力。由图可知，随着贮存时间的延长，普洱熟茶对超氧（O^{2-}）自由基的清除能力呈逐渐递减的趋势，变化范围为：27.89%（2015年）到20.39%（2006年）。根据标曲可知，相同溶液浓度下，维生素C对超氧（O^{2-}）自由基的清除能力是2006年（贮存10年）普洱熟茶的20.64倍，是2015年（贮存1年）普洱熟茶的15.09倍。即对超氧（O^{2-}）自由基的清除能力排列顺序为：2015年熟茶＞2014年熟茶＞2013年熟茶＞2012年熟茶＞2011年熟茶＞2010年熟茶＞2009年熟茶＞2008年熟茶＞2007年熟茶＞2006年熟茶。其变化规律和普洱生茶完全一致。

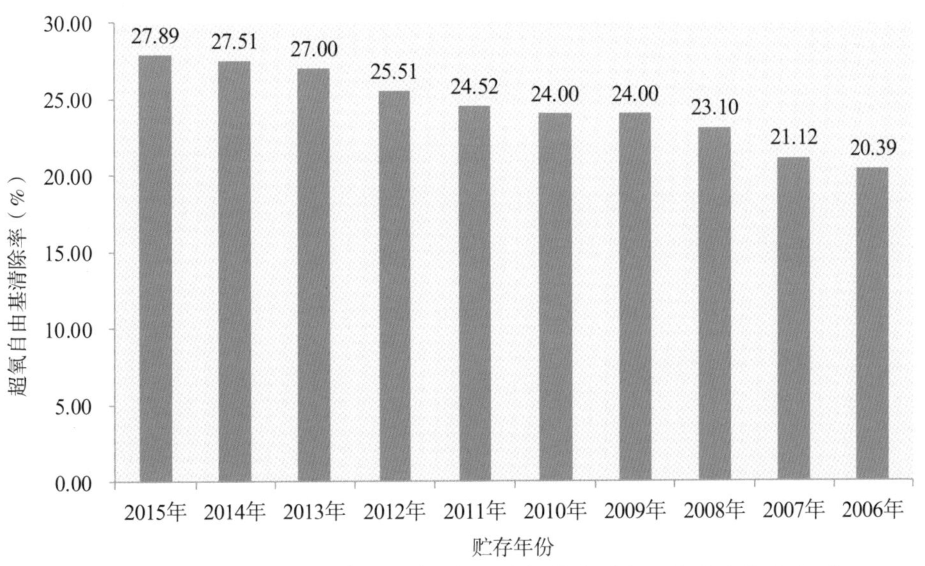

图11-11 不同贮存年份普洱熟茶水提物对超氧（O^{2-}）自由基清除率（%）

五、体外抗氧化活性与生化成分的相关性分析

综合上述研究结果，无论是普洱生茶还是普洱熟茶，体外抗氧化活性的变化都是随着贮存年份的延长呈显著下降的规律。原因是不同贮存年份的普洱茶所含有的、具有抗氧化活性的生化成分趋于降解有关，因此，如何根据生化成分在贮存过程中的变化规律来确定普洱茶的品饮价值就显得尤为重要。表11-2是普洱茶的体外抗氧化活性与对应生化成分的相关性分析表。从表中可以看出，不同贮存年份的普洱生茶的体外抗氧化活性和生化成分都呈现显著正相关。其中抗氧化活性与茶多酚和氨基酸有极显著相关性（$P<0.01$），与儿茶素总量有显著相关性（$P<0.05$），其次是咖啡碱和水浸出物。从体外抗氧化活性与生化成分的相关性分析也可知，为何不同贮存年份的普洱茶供试茶样的DPPH自由基清除能力、超氧（O^{2-}）自由基的清除能力、羟基（·OH）自由基抑制能力、总抗氧化能力均随贮存时间的延长呈现下降趋势。其原因就是随贮存年份的延长茶多酚、儿茶素、氨基酸等茶叶中的抗氧化活性成分均随贮存年份的延长呈下降的趋势，故导致体外抗氧化活性降低。因此，从普洱茶的首要保健功能抗氧化性，并结合茶多酚、氨基酸和儿茶素[*36]等生化成分在整个贮存年份的降解规律（速度）和生化成分与感官品质的相关性（在前面几个章节中已经分析过）来考量，普洱茶的贮存年份与普洱茶的最佳品饮价值或者品饮期如何来界定，需要爱普洱茶人士的认真思考。

注释。

*36 儿茶素的抗氧化机理是儿茶素的基本结构二苯基苯并吡喃环B环上的邻位酚羟基或连位酚羟基有较高的还原性，易发生氧化生成邻醌类物质，而提供的H^+与自由基结合，可使之还原为惰性化合物或较稳定的自由基，从而直接清除自由基，避免氧化损伤。见图11-12。

表11-2　体外抗氧化活性与生化成分的相关性分析

生化成分	DPPH清除率	超氧自由基清除率	抑制自由基能力	总抗氧化能力
水浸出物	0.091	0.072	0.140	0.021
茶多酚	0.950**	0.96**	0.928**	0.983**
儿茶素总量	0.727*	0.720*	0.655*	0.735*
咖啡碱	0.402	0.373	0.354	0.385
氨基酸	0.885**	0.911**	0.865**	0.933**

注：**. 在 0.01 级别（双尾），相关性显著；
*. 在 0.05 级别（双尾），相关性显著。

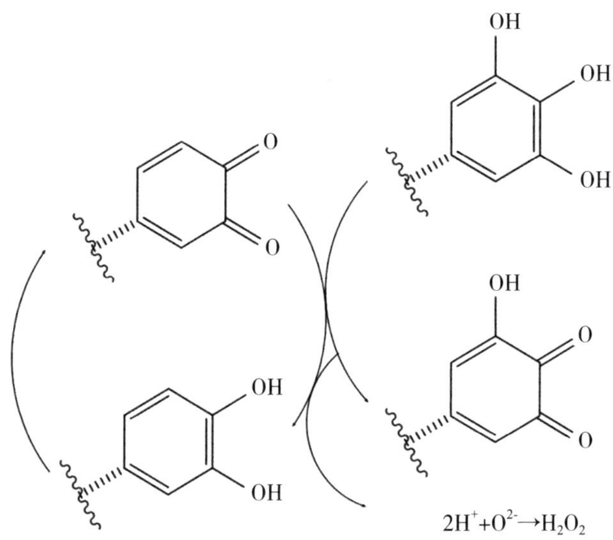

图11-12　儿茶素抗氧化机理示意图

参考文献

[1] 金裕范, 高雪岩, 王文全, 等. 云南普洱茶抗氧化活性的比较研究[J]. 中国现代中药, 2011, 13（8）：17-19.
[2] 王昱筱, 周才琼. 红茶、绿茶和普洱熟茶体外抗氧化作用比较研究[J]. 食品工业, 2016（4）：64-68.
[3] 周金伟, 陈雪, 易有金, 等. 不同类型茶叶体外抗氧化能力的比较分析[J]. 中国食品学报, 2014（8）：262-269.
[4] 陈雪. 不同类型茶叶抗氧化功能的比较研究[D]. 长沙：湖南农业大学, 2012.
[5] 东方, 揭国良, 何普明. 不同发酵程度茶叶的体内与体外抗氧化功能比较[J]. 中国茶叶加工, 2015（4）：40-45.

一年一味

普洱茶贮存年份与生化成分及感官品质的关系

第十二章

普洱熟茶发酵过程中生化成分的变化

众所周知，普洱熟茶是在高温、高湿和微生物参与的环境条件下经“渥堆”处理后形成的后发酵茶，是我国黑茶的典型代表之一。微生物参与的后发酵过程使晒青毛茶中的多酚类物质发生了复杂的一系列诸如氧化、聚合、缩合、分解等为主的电化学变化，奠定了普洱熟茶的化学物质基础，赋予了普洱熟茶特殊的风味品质和保健功效。微生物参与的后发酵过程在普洱熟茶的品质形成中发挥着至关重要的作用，为奠定普洱熟茶品质化学的物质基础起到了无可替代的作用。著者的研究团队开展了以茶多酚类物质儿茶素类、黄酮类、水解单宁类、酚酸类等为主的物质在普洱茶发酵过程中变化规律的研究，旨在合适的发酵车间空气湿度、发酵堆温、微生物种群与数量的条件下，如何通过合理控制发酵时间达到普洱茶多酚类物质的均衡降解与转化，保持成品茶中多酚类化合物类的适度含量和其生物活性等提供实验数据支撑。

一、普洱茶发酵过程中儿茶素类、水解单宁类和酚酸类物质含量的变化*37

在晒青毛茶的渥堆发酵过程中，由于受发酵过程中产生的曲霉属（*Aspergillus*）真菌、耐热真菌根霉、酵母等分泌的具有很强活性的酯酶，以及受到能降解水解单宁的微生物的影响，儿茶素类、水解单宁类和酚酸类物质经强烈的酶促氧化趋于降解，含量随发酵进程的推进都呈显著下降趋势。而作为普洱熟茶特征性成分的没食子酸*38则呈显著增加趋势，这是由于酯型儿茶素和水解单宁降解产生没食子酸（GA），酯型儿茶素和水解单宁降解产生GA的反应式如图12-1A、12-1B和12-1C所示。咖啡碱（CAF）含量也呈显著增加，研究结果如表12-1所示。图12-2是晒青毛茶与成品普洱熟茶茶多酚类物质和咖啡碱峰面积变化的HPLC色谱图，从图可知，发酵结束后的成品普洱熟茶中的儿茶

注释

*37 晒青毛茶发酵样分别取自镇康、双江、景谷三个地区。

*38 普洱茶没食子酸功能可以参考吕海鹏老师的论文：吕海鹏，林智，谷记平，等. 普洱茶中的没食子酸研究. 茶叶科学，2007,27（2）:104-110.

素素类EGCG、ECG、EGC和EC的峰面积与晒青毛茶相比，已明显减少。与之相反，成品普洱熟茶中GA和CAF的峰面积与晒青毛茶相比，呈显著增加。上述多酚类物质的变化赋予了普洱熟茶特殊的品质特点，如：酯型儿茶素和单宁类物质含量的降低，GA含量的增加会使普洱熟茶苦涩度减轻，酸度提高；在晒青毛茶中残留的过氧化氢酶和过氧化物酶等作用下，茶多酚类物质经氧化会生成部分茶褐素，普洱熟茶的汤色会变成红褐色。

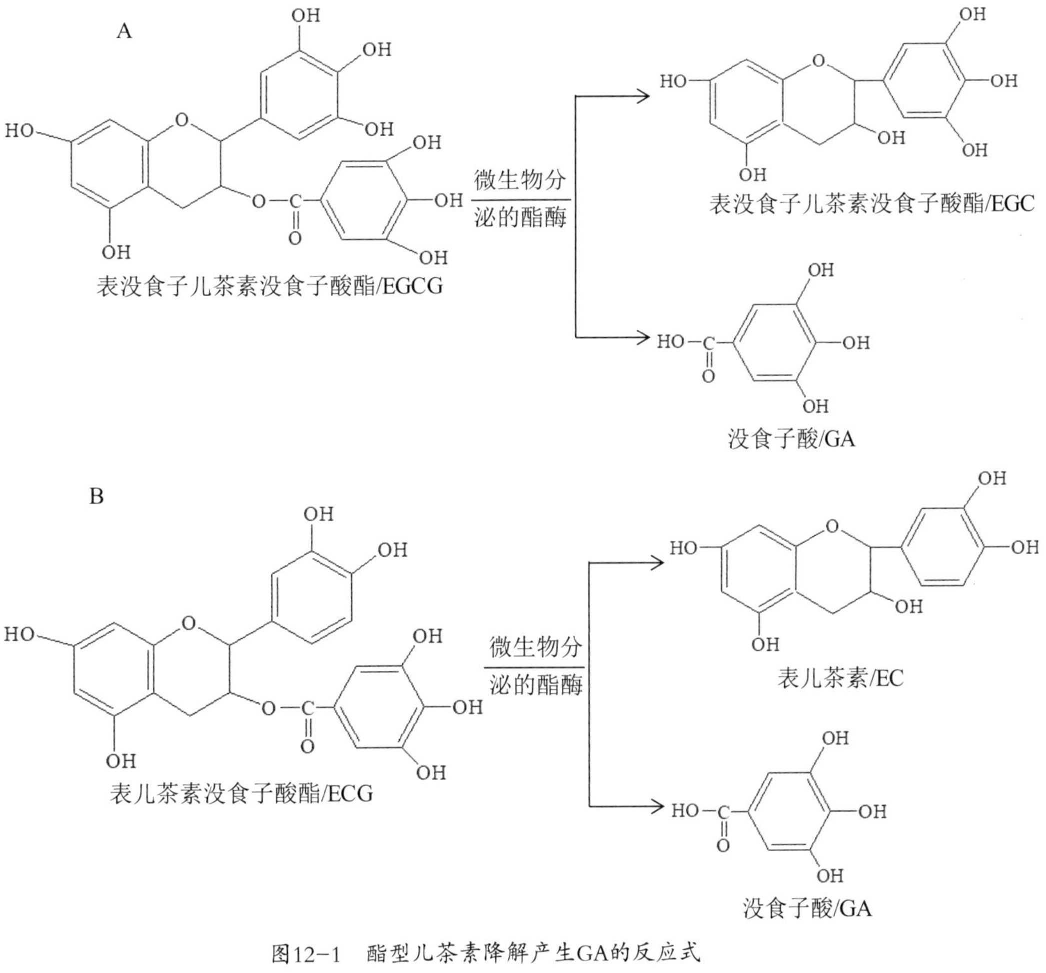

A

表没食子儿茶素没食子酸酯/EGCG

微生物分泌的酯酶

表没食子儿茶素没食子酸酯/EGC

没食子酸/GA

B

表儿茶素没食子酸酯/ECG

微生物分泌的酯酶

表儿茶素/EC

没食子酸/GA

图12-1　酯型儿茶素降解产生GA的反应式

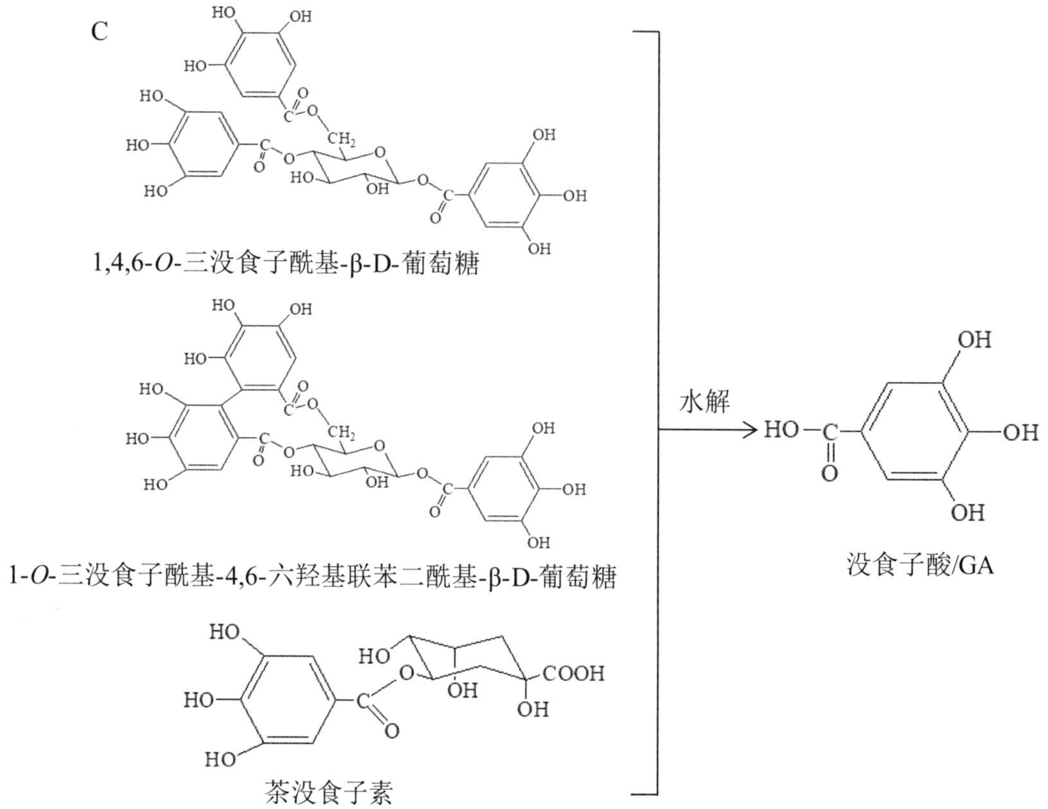

C

1,4,6-*O*-三没食子酰基-β-D-葡萄糖

1-*O*-三没食子酰基-4,6-六羟基联苯二酰基-β-D-葡萄糖

茶没食子素

水解单宁类物质

水解

没食子酸/GA

图12-1（续） 水解单宁降解产生没食子酸GA的反应式

表12-1 普洱茶发酵过程中儿茶素类、水解单宁类和酚酸类物质含量的变化

材料来源	翻堆次数	生化成分									
		C	EC	EGC	ECG	EGCG	CAF	GA	TG	STR	1,4,6-tir-G-G
镇康县	一翻	9.0a	22.1a	10.2a	49.0a	30.8a	19.5a	1.9a	8.5a	11.7a	1.5a
	二翻	6.7b	22.4a	10.9a	34.3b	18.8b	17.9b	15.5b	6.3b	9.1b	0.9b
	三翻	5.5c	17.2b	6.8b	21.7c	9.6c	21.2c	22.8c	5.5c	5.0c	0.7b
	四翻	3.2d	11.7c	4.7c	9.9d	5.3d	23.7d	20.9d	3.6d	2.2d	0.3c
	五翻	2.1e	5.8d	1.7d	6.7e	2.7e	23.7d	23.1c	3.2d	0.8e	0.3c
	六翻	2.1e	5.6d	1.4d	2.3f	1.1f	22.5e	13.9d	1.7e	0.2f	0.1c
	成品	1.3f	4.5e	1.5d	1.3f	0.5g	30.8f	10.2e	1.3e	0.0f	0.3c

续表12-1

材料来源	翻堆次数	生化成分									
		C	EC	EGC	ECG	EGCG	CAF	GA	TG	STR	1,4,6-tir-G-G
双江县	一翻	7.8a	20.7a	7.6a	53.9a	28.8a	18.6a	1.7a	9.9a	14.8a	2.1a
	二翻	4.1b	20.3a	10.2b	28.9b	19.5b	19.1a	20.9b	7.3b	9.7b	1.3b
	三翻	3.1c	15.3b	7.6a	22.0c	14.0c	17.5b	21.6b	5.7c	5.9c	1.0b
	四翻	2.7c	12.2c	5.4c	7.5d	5.0d	25.0c	25.9c	3.9d	1.8d	0.3c
	五翻	2.8c	10.8d	4.6d	9.3e	5.4d	29.0d	24.5d	4.0d	2.0d	0.4c
	六翻	2.2c	8.0e	2.5e	4.4f	1.7e	26.7e	16.1e	2.0e	0.4e	0.1d
	成品	1.2d	4.0f	1.5f	1.7g	1.0f	27.7e	13.1f	1.5f	0.0f	0.1d
景谷县	一翻	7.8a	21.1a	13.2a	41.4a	36.4a	15.6a	2.1a	8.7a	9.7a	1.2a
	二翻	5.1b	22.0b	15.3b	21.9b	15.9b	19.0b	22.5b	5.5b	5.2b	0.6b
	三翻	2.8c	16.5c	10.4c	11.2c	8.4c	20.1c	22.5b	3.4c	2.5c	0.2c
	四翻	2.7c	15.2d	9.1d	7.8d	5.3d	18.6b	25.3c	2.6d	1.6d	0.2c
	五翻	2.2c	10.0e	6.3e	4.7e	4.0e	20.5cd	22.1b	2.2ed	0.7e	0.1c
	六翻	2.1c	9.2f	4.0f	4.3e	2.3f	21.2d	15.9c	1.9e	0.3f	0.1c
	成品	1.4d	5.4g	3.0g	1.6f	1.1g	24.3e	11.9d	1.4e	0.0f	0.0c

注：1. 表中同列英文小写字母不同表示Duncan's新复极差测验SSR法在$P<0.05$水平下的差异显著性（n=3）；

2. 生化成分说明：TG：茶没食子素；STR：1-*O*-三没食子酰基-4,6-六羟基联苯二酰基-β-D-葡萄糖；1,4,6-tir-G-G：1,4,6-*O*-三没食子酰基-β-D-葡萄糖。

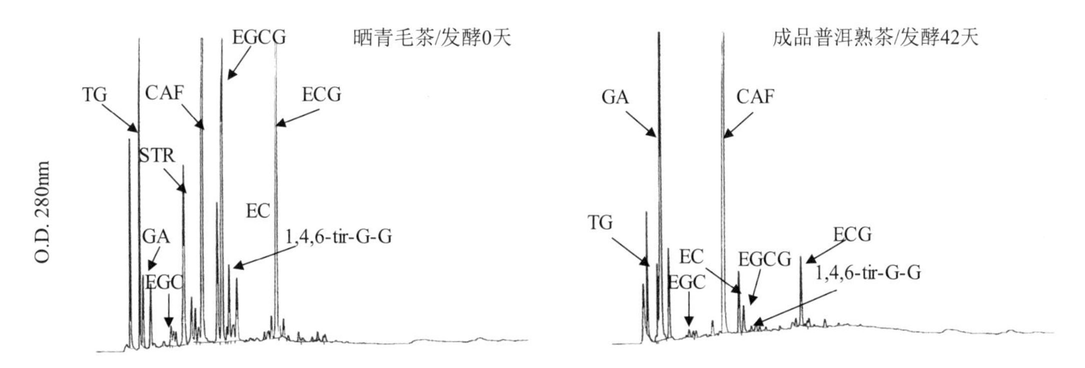

图12-2 晒青毛茶与成品普洱熟茶生化成分峰面积变化的HPLC色谱图

儿茶素类物质除降解产生没食子酸GA外，其余的降解部分转化成了哪些物质？这一点值得思考。我们认为在微生物参与的后发酵过程中发生了一系列复杂的诸如氧化、聚合、缩合等反应，一部分转化成了普洱熟茶褐色色素，一部分会转化成具有陈香的甲氧基苯类等香气物质。具体反应过程推测如图12-3所示。

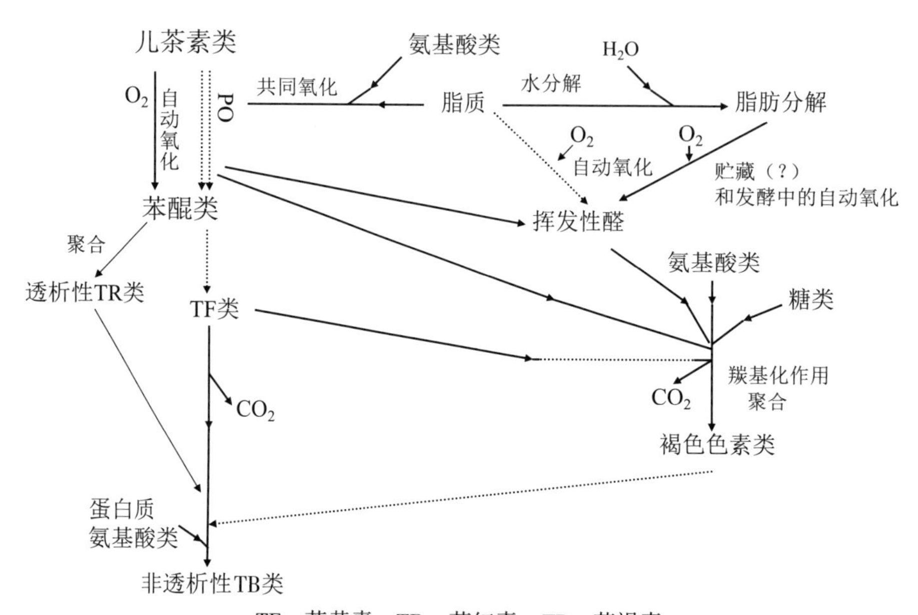

图12-3 普洱熟茶发酵过程中儿茶素类物质转化成色素和挥发性物质的可能途径

二、普洱茶发酵过程中黄酮醇类物质含量的变化[39]

如表12-2所示，在整个普洱茶发酵的过程中，随发酵时间的推移，杨梅素类、槲皮素类和山奈酚类含量变化趋势是降低的，发酵结束后，与原料相比，杨梅素类的含量下降了近50%，槲皮素类的含量下降了70%，山奈酚类的含量下降了62%。总黄酮含量在整个发酵阶段都呈极显著下降（$P<0.05$）趋势，含量从原料的 15.71mg/g降到了5.32mg/g。茶叶中的黄酮醇类物质对茶叶汤色和滋味等感官品质有显著影响。研究发现，黄酮苷类呈柔和感涩味，且阈值极低，是红茶中的重要的涩味物质；此外，槲皮素与茶汤色泽相关性较明显

注释

*39 茶样：晒青毛茶原料、不同发酵阶段普洱茶翻堆样，由云南普洱茶树良种场提供。

（R=0.7647），与红茶汤色的相关性更高，达到R=0.8486。因此，我们认为在普洱熟茶发酵过程中可以通过合理控制发酵时间、堆温、发酵车间的湿度、微生物种群和数量等，促使普洱茶黄酮醇类物质均衡降解与转化，并保持成品茶中黄酮醇类的适度含量，保持其生物活性等是统一普洱茶品质、提高普洱茶质量的重要保证之一。

表12-2　原料和不同发酵阶段翻堆茶样中黄酮醇的含量（mg/g）

翻堆次数	黄酮醇类物质			
	杨梅素	槲皮素	山奈酚	黄酮总量
原料	0.63a	4.37a	1.26a	15.71a
一翻	0.62a	3.87b	1.14a	14.12b
二翻	0.58a	3.46b	1.09b	12.88c
三翻	0.47b	2.40c	0.74c	9.02d
四翻	0.46b	2.26c	0.73c	8.67d
五翻	0.38c	1.76d	0.58d	6.83e
出堆样	0.33c	1.31e	0.48e	5.32f

注：表中同列英文小写字母不同表示Duncan's新复极差测验SSR法在P<0.05水平下的差异显著性（n=3）*40。

三、普洱茶发酵过程中香气物质的变化

普洱熟茶独特的香气是在后发酵过程中形成的，研究发现，普洱熟茶的原料晒青毛茶的主要香气物质是萜类的芳樟醇、芳樟醇氧化物等。晒青毛茶经过渥堆发酵后，其香气成分的组成会发生显著的变化，如图12-4所示。表12-3是根据本章文献整理的普洱熟茶中主要的21种香气物质，由表可知，普洱熟茶中主要的香气物质是以1,2,3-三甲氧基苯、1,2,4-三甲氧基苯、1,2,3,4-四甲氧基苯等甲氧基苯类芳香族化合物为主，含量最高的是1,2,3-三甲氧基苯（图12-5），含量达25.539%，通过在线嗅闻技术*41，

注释

*40　根据中国药典法的规定，在分析黄酮醇化合物之前，对黄酮苷进行了水解，使其生成黄酮醇苷元和各种糖基，再根据中国药典法中规定的总黄酮苷与其水解后苷元的换算系数为2.51，即，总黄酮含量=（苷元）×2.51。本研究用测得的杨梅素类、槲皮素类和山奈酚类的含量，以“总黄酮含量=（杨梅素＋槲皮素＋山奈酚）×2.51”的计算公式，测算得到了不同发酵阶段普洱茶翻堆样中总黄酮含量。

*41　GC-O注释：嗅闻技术（gas chromatography-olfactometry）为一种感官检测技术，它将GC的分离能力和人类鼻子的灵敏性结合起来，可对色谱柱流出的风味同时进行定性和定量评价，使研究者能对特定香气成分在某一浓度下是否具有风味活性，风味活性的持续时间及其强度，香型等风味信息进行确定，在食品风味活性成分、生产控制、食品加工企业环境气体分析等研究中具有广阔的应用前景。

证明了这些甲基化（$-CH_3$）成分是普洱茶“陈香”的关键致香成分之一。其次为脂肪酸类化合物中的亚油酸，含量达12.210%。从结果可以看出，普洱熟茶中产生了很多的甲基化（$-CH_3$）修饰产物，其原因可能是由多酚类化合物的生物转化而来，即甲基化修饰可能是普洱茶后发酵过程中多酚类成分生物转化的另一种重要方式。从这点似乎可以说明普洱熟茶发酵过程中多酚类物质为何会骤降，普洱生茶随贮存年份的延长会趋于减少，而“陈香”会增加。另外，上述甲氧基苯类香气成分可能是在微生物和热降解双重作用条件下，通过没食子酸的甲基化修饰形成的（图12-6）。

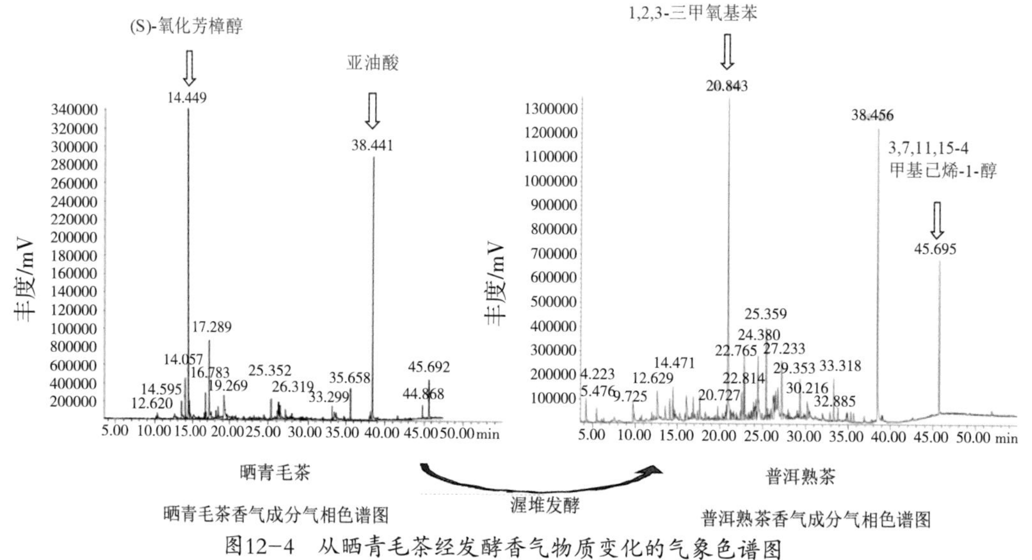

图12-4 从晒青毛茶经发酵香气物质变化的气象色谱图

表12-3 普洱熟茶中主要香气成分及其含量

序号	保留时间	香气物质	CAS号	总量/%
1	9.714	苯甲醛 Benzal denhyde	000100-52-7	1.679
2	12.590	苯乙醛Benzene actaldehyde	000122-78-1	2.155
3	14.471	芳樟醇 1,6-Octadien-3-ol，3,7-dimethyl-	000078-70-6	1.250
4	16.008	邻苯二甲醚 Benzene，1,2-dimethoxy-	000091-16-7	2.321
5	16.798	芳樟醇氧化物(反式吡喃型) 2H -Pyran- 3- ol, 6- ethenyltetrahydro	014049 - 11 - 7	1. 150

续表12-3

序号	保留时间	香气物质	GAS	总量/%
6	17.593	藏花醛1, 3-Cyclohexadi ene-1-carboxaldehyde, 2, 6, 6-trimethy1-	000116 - 26 - 7	1.262
7	20.843	1,2,3-三甲氧基苯1,2, 3- Trimethoxybenzene	000634 - 36 - 6	16.552
8	22.439	1,2,4-三甲氧基苯1,2, 4- Trimethoxybenzene	000135 - 77 - 3	2.525
9	22.763	2-异丙基-4-甲基己-2-烯醛 2-Isopropy1-4 -methy lhex: -2- enal	072668 - 37 - 2	2. 670
10	22.814	雪松烯1H-Benzocyc lohept ene, 2, 4a, 5, 6, 7, 8-hexahydro-3, 5, 5, 9-tetramethyl-，(R) -	001461 - 03 - 6	1.203
11	24.354	1,2,3,4-四甲氧基苯1,2, 3, 4-Tetrane thoxybenzene	021450 - 56 - 6	4.927
12	24.490	橙化基丙酮 5, 9-Undecadien-2- one, (6,10-djimethyl-，(Z)-	003879 - 26 - 3	1. 049
13	25.359	β -紫罗酮trans-. beta. -Ionone	000079 - 77 - 6	3.901
14	26.227	3,7,11-三甲基1-十二醇 1-Dodecanol，3, 7, 11-trimethyl-	006750 - 34 - 1	1. 539
15	26.527	二氢猕猴桃内酯2 (4H) -Benzofuranone, 5, 6, 7, 7a- tetrahydro-4, 4, 7a- tr imethy1-	015356 - 74 - 8	2.157
16	26.797	1,3-二氢-1, 1,3,3-四甲基-2(2H)-茚酮 2H- Inden-2 - one，1, 3-dihydro-l, l, 3, 3-tetranethy1-	005689 - 12 - 3	2.019
17	27.233	香芹烯酮Carvenone	000499 - 74 - 1	3.226
18	29.353	苹澄茄油烯Epizonarene	041702 - 63 - 0	1.645
19	30.216	4-(1-甲基-1-环丁基)苯酚 4-(1-methyl-1-cyclobutyl) phenol	091876 - 30 - I	1.297
20	33.318	植酮2-Pentadecanone，6, 10, 14-trimethyl	000502 - 69 - 2	1.663
21	38.456	亚油酸9, 12- Octadecadienoic acid (Z, Z)-	000060 - 33 - 3	12.210

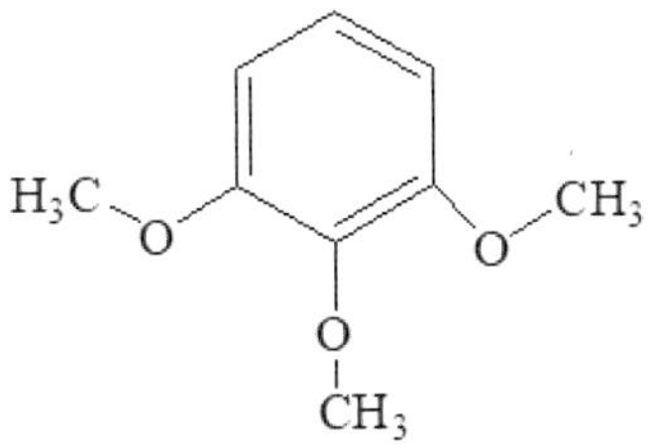

图12-5　1,2,3-三甲氧基苯

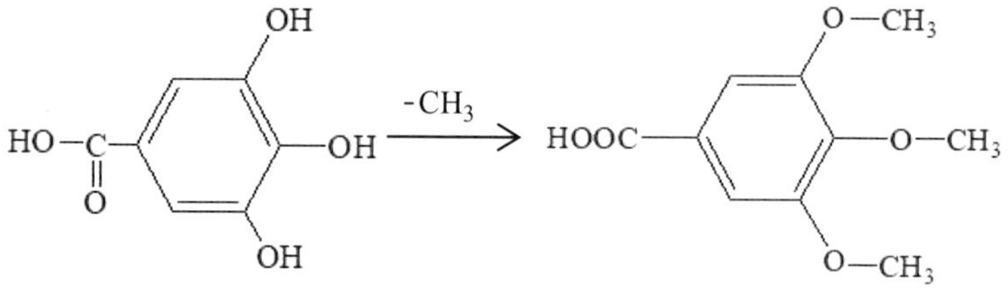

图12-6　没食子酸甲基化修饰过程

参考文献

[1] 吕海鹏, 林智, 谷记平, 等.普洱茶中的没食子酸研究[J]. 茶叶科学, 2007, 27（2）：104-110.

[2] KAWAKAMI M. Topics and progress in tea flavor science[J]. Foods and Food Ingredients Journal of Japan, 2002: 13-27.

[3] 杨雪梅，任洪涛，罗琼仙，等.‘紫娟’红茶和‘紫娟’普洱熟茶香气成分的分析[J]. 热带农业科学,2017,37(5):72-82.

后 记

经过多年的研究和近两年的数据整理、文献查阅、写作，本书终于完稿。在此，特向为本书的出版付出努力的学生、给予多方指导和帮助的老师和茶企表示衷心的感谢。特别感谢为本书的研究提供研究茶样的云南双江勐库茶业有限公司，云南臻字号茶叶有限公司，云南德凤茶业有限责任公司和为本书作序的云南省政府原副省长、省政协原副主席、云南省茶叶流通协会创会会长陈勋儒先生，以及给予我们多方教导并亲自参与茶样审评的云南农业大学茶学院原院长邵宛芳教授。

本书的研究结果在一定程度上说明了普洱茶“越陈越香”的化学基础、“越陈越香”与普洱茶产地和贮存环境之间的关系，也初步提出了我们认为的普洱茶的最佳品饮期。但是，我们也深知本书的出版必然会招致很多质疑的声音，毕竟我们所选择的、作为研究材料的普洱茶的贮存年份不够长，选择的样本数不够多；也会引来一些普洱茶收藏爱好者和发烧友反对的声音，不过我们要说明的是，我们只是从研究的角度提出了我们认为的普洱茶的最佳贮存和品饮期，并没有否定普洱茶所具有的耐贮性和较高的收藏价值的想法。在此，以后记的方式做说明。

编 者

2021年6月1日炎热夏日于昆明